全民阅读·经典小丛书

低调做人的艺术

DIDIAOZUOREN DE YISHU

冯慧娟 编

吉林出版集团股份有限公司

版权所有　侵权必究

图书在版编目（CIP）数据

低调做人的艺术 / 冯慧娟编 . —长春：吉林出版集团股份有限公司，2016.1
（全民阅读.经典小丛书）
ISBN 978-7-5534-9988-8

Ⅰ．①低… Ⅱ．①冯… Ⅲ．①人生哲学－通俗读物 Ⅳ．① B821-49

中国版本图书馆 CIP 数据核字 (2016) 第 031440 号

DIDIAO ZUOREN DE YISHU

低调做人的艺术

作　　者：	冯慧娟　编
出版策划：	孙　昶
选题策划：	冯子龙
责任编辑：	于媛媛
排　　版：	新华智品
出　　版：	吉林出版集团股份有限公司
	（长春市福祉大路 5788 号，邮政编码：130118）
发　　行：	吉林出版集团译文图书经营有限公司
	（http://shop34896900.taobao.com）
电　　话：	总编办 0431-81629909　　营销部 0431-81629880 / 81629881
印　　刷：	北京一鑫印务有限责任公司
开　　本：	640mm×940mm 1/16
印　　张：	10
字　　数：	130 千字
版　　次：	2016 年 7 月第 1 版
印　　次：	2019 年 6 月第 2 次印刷
书　　号：	ISBN 978-7-5534-9988-8
定　　价：	32.00 元

印装错误请与承印厂联系　电话：18611383393

前言
FOREWORD

路径窄处，留一步与人行；滋味浓的，减三分让人嗜。

——（明）洪应明《菜根谭》

古人云："木秀于林，风必摧之；行高于人，众必非之。"低调做人不仅是一种姿态，一种风度，更是一种哲学。一个人不管多么声名卓著，多么权势显赫，多么富可敌国，都应该保持低调。

有道是：地低成海，人低成王。绝大多数成功者都或多或少受到过这一思想的启示。千百年来，低调做人一直都是成功者恪守的处世之道。无论是在哪一方面，低调做人的人都更容易被他人接受。

低调不代表软弱无能，更不是退缩畏惧，而是一种高超的做人智慧。低调做人，才能保持一颗平常心，才能以平和乐观的心态面对人生风云、世事变幻。

低调做人，才能真正演绎人生的精彩，收获事

低调做人的艺术

业的成功。所谓"圣者无名，大者无形""鹰立如睡，虎行似病""大智若愚，大巧若拙"讲的就是这个道理。放低姿态，低调做人，高调做事，才能成就非凡的人生。

目录
CONTENTS

别人恃才傲物，你保持谦虚 / 009

不懂的事情一定要承认，不懂的问题一定要勤问 / 010

受到批评要当场谦虚接受，回去再细细想通 / 013

永远不要认为自己是"大材小用" / 016

别人卖弄口才，你多思慎言 / 023

不轻易对人评头论足，不轻易对事情仓促表态 / 024

非必要场合，永远不玩辩论游戏 / 029

比起说大话，说"小话"更为妥当 / 032

空头支票不能乱开，空头诺言绝不轻许 / 037

不要主动给上司代言，也不要随便传言 / 039

别人直来直去，你委婉含蓄 / 043

婉转表达，不碰钉子 / 044

与不同类型的人，打好交道 / 047

对待不如你的人，也要保持礼貌 / 051

与其被外力所折，不如主动先弯 / 056

难得糊涂是大智慧 / 060

低调做人的艺术

别人拼命外显,你韬光养晦 / 065

不要过早暴露目标和亮出底牌 / 066

做人不易太张扬,韬光养晦是良策 / 070

学会忍耐,谋定而后动 / 074

别人争破头颅,你以退为进 / 079

退一步,进两步 / 080

切勿居功自傲 / 083

将眼光放长远,不要只盯眼前利益 / 086

别人放不下,你能屈能伸 / 091

能大能小是条龙,只大不小是只虫 / 092

人在屋檐下,一定要低头 / 097

你可以在别人面前丢脸 / 101

平静地对待,被别人冷落的日子 / 106

别人趾高气扬,你不显不炫 / 111

有再大的功劳,也不要自夸 / 112

目录
CONTENTS

成绩只是起点，荣誉可以看作动力 / 114

身价飙升时，头脑要更清醒 / 118

别人高高在上，你深入群众 / 121

说话多带客气字眼儿，而不是发号施令 / 122

主动示弱，使人产生亲近感 / 126

放下身段，更能赢得尊敬 / 130

别拿自己不当普通人 / 134

别人恃才傲物，你保持谦虚

·低调做人的艺术·

不懂的事情一定要承认，
不懂的问题一定要勤问

从古至今，凡杰出者都懂得不耻下问，有任何不懂的事情，就算对方地位或学问不如自己，也能大方而谦虚地向人请教，不因此而感到羞耻；而平庸者往往会忽视这一点，为了所谓的自尊心与面子，不懂装懂，结果贻笑大方。

清空自己，虚心向他人请教

一个对佛学有很深造诣的人，去拜访一位德高望重的老禅师。老禅师的徒弟接待他时，他很是瞧不起，心想："我的佛学造诣很深，你算老几？"后来，老禅师出来了，十分恭敬地接待了他，并亲自为他沏茶。可在倒水时，杯子已经满了，老禅师还不停地倒。他疑惑地问："大师，杯子已经满了，为什么还要往里倒呢？"大师回答说："是啊，既然已经满了，为什么还倒呢？"原来，禅师的意思是，"既然你已经对佛学造诣很深了，为什么还要来我这里求教呢？"这就是我们常说的"空杯心态"的起源，引申出来的意思是说好的心态是做事的前提。如果想学到更多的学问，就必须先把自己想象成"一个空着的杯子",而不是目中无人、骄傲自满。

一个人的力量总是渺小的,以个人能力所能知道的东西极其有限,总有在某方面比自己强的人,总有自己不懂的事,要虚心向别人请教。不要让虚荣心堵住了自己的嘴,这样也就堵住了通往智慧的大门。

尹金诚是韩国有名的企业家,他在开始做生意时,几乎什么都不懂,开发了一件新产品,往往不知道该如何定价。于是他就跑到零售商那里去请教。因为他认为如何定恰当的价钱应该是常与消费者接触的零售商最清楚。

在零售商那里,尹金诚出示了新产品,问他们:"像这样的东西可以卖多少钱?"他们都会坦诚地告诉他行情。照着零售商的话去做都没错,不必付学费,也不要伤脑筋,没有比这个更划算的。当然不是什么事情都这样简单,可这是基本的原则。能虚心接受人家的意见,能虚心去请教他人,才能集思广益。

如果我们能培养这种"虚心",能虚心接受他人的意见,虚心向他人学习,那么离成功就不远了。学会了在工作中虚怀若谷,是会受益终身的。只有具备了这样的态度,你才能认识到自己的不足,你才会去虚心学习别人的经验,为你的成功赢得砝码。

勤问是通向成功的捷径

不管你有多能干,不管你曾经把工作完成得多么出色,如果你一味沉溺在对昔日表现的自满当中，遇到问题不去请教他人，学习便会受到阻碍，也就无法得到新知识，以致不能开发自己的创造力。因为，现在的社会对于缺乏学习意愿的人很是无情。人一旦拒绝学习，就会迅速退化，所谓"不进则退"，转眼之间就被抛在后面，被时代淘汰。

有个年轻人看见很多人都在河边钓鱼，心想这里应该有很多鱼，于是他也加入了钓鱼的队伍。可是这个年轻人钓了半天，连一条鱼都没钓上。而在他旁边坐着的一位老人却收获很大。一天过去了，年轻人一条鱼也没钓到。

天渐渐黑了，那位老人起身收拾东西要离开了。这时，年轻人终于按捺不住了，问老人："我们两个人的钓具一样，钓饵也都是蚯蚓，选择的地方也差不多，可为什么你钓了这么多鱼，我却一无所获？"

老人笑了笑说："小伙子，这你就要多学习学习了。我钓鱼的时候，只知有我，不知有鱼。手不动，眼不眨，连心也似乎没有了跳动，这样鱼也就感受不到我的存在了，所以，它们咬我的钩；而你呢，钓鱼的时候心浮气躁，心里只想着让鱼赶快吃你的饵，眼睛死盯着鱼漂，稍有晃动，就起钩。鱼都被你吓跑了，怎么能钓到鱼呢？"

听完老人的话，年轻人终于明白了。第二天钓鱼的时候，年轻人按照老人说的话，尽力稳住自己的情绪，果然收获不少。虽然没有那位老人钓得多，但比起昨天的一无所获，实在可以说是大丰收了。

我们每个人都应该像这位年轻人一样，虚心地向自己身边的有才能之士学习。一个人知道了自己的短处，才能改进自己，才能胜券在握。勤问是改进自己的捷径，每个人身上，都有值得你学习的地方，虚心学习他们的优点，你就会成为许多人学习的榜样。

> **做人哲学**
>
> 世上无难事，只怕有心人。刨根问底，拿出一种打破砂锅问到底的精神，遇事多问几个为什么，将会得到更多成功机会。谦虚地向他人请教，是学习的一种捷径。

受到批评要当场谦虚接受，回去再细细想通

任何人潜意识深处都是争强好胜的。聪明人最大的特征是，能够谦虚接受别人的批评，坦然地说"我错了"；而愚蠢的人往往对别人的批评置若罔闻。

批评虽是苦药，喝下却能治病

在任何时候，那种目中无人、高高在上的人都是得不到他人喜欢的。同样，不接受别人意见的人也不会受别人欢迎。

富兰克林年轻的时候，非常骄傲自大，不可一世，无论到哪里都咄咄逼人。这归根结底都是因为他的父亲对他的纵容。他父亲的一位挚友实在看不下去了，有一天，把富兰克林叫到面前，温和地对他说："富兰克林，你想想看，你不尊重他人意见、事事都自以为是的行为，会造成什么样的结果呢？人家受了你几次这种难堪后，谁也不愿意再听你这些骄傲的言论了。你的朋友也远远地避开你，免得受一肚子冤枉气。如果你还这样下去，那么你就交不到好朋友，也不能从他人那里获得半点知识。再说你现在知道的事情才那么一点点，很有限，这样是不行的。"

听完这番话，富兰克林很受触动。他深深地认识到自己过去所犯的错误，决定从此改变自己：在待人处事的时候全都改用研究、商讨的态度，言行也变得谦虚委婉。不久之后，富兰克林便从一个受人鄙视、人人拒绝交往的自负者，变成了一个受人欢迎和爱戴的人。

试想如果富兰克林没有接受意见改掉自己的毛病，仍然是一意孤行，说起话来不分大小，不把他人放在眼里，那么他的结果一定不堪设想。他也正是因为改变自我后拥有了丰富的人际关系资源，才成为美国一位伟大的领袖。

把批评看作催己奋发的动力

接纳别人的意见不是怀疑自己，而是在相信自己的同时，从另一个角度看问题，把别人的批评意见当作一笔鞭策自己的珍贵馈赠。

美国戏剧家阿瑟·米勒讲述过曹禺的一段往事：

那时，阿瑟·米勒正好到曹禺家做客。午饭前，曹禺突然从书架上拿出一本册子，这是一本装帧讲究的册子，上面裱着画家黄永玉写给他的一封信。曹禺一字一句地念给阿瑟·米勒以及在场的所有朋友们听。信是这样写的："我不喜欢你解放后的戏，一个也不喜欢。你的心不在戏剧里，你失去伟大的通灵宝玉，你为势位所误！命题不巩固、不缜密，演绎分析也不够透彻；过去数不尽的精妙休止符、节拍、冷热快慢的安排，那一箩一筐的隽语都消失了……"

不可否认，这是一封措辞严厉而且不讲任何情面的信。这封信对曹禺提出了严厉的批评，虽然用字不多但相当激烈。然而曹禺念这封信时的激动神情，仿佛这些文字是对他的褒奖和鼓励。

直到后来，阿瑟·米勒才明白曹禺的苦心。尽管当时的曹禺已经是功成名就的戏剧大家，可他并不是像其他人那样过分地爱惜自己的荣誉和名声。在这种不可思议的举动中，透露出曹禺已经把这种批评演绎成对艺术缺陷的真切悔悟。所有这些批评对他而言都是鞭策自己前进的珍贵馈赠，所以他要当众再一次表示感谢。

对于别人的意见，心胸狭隘的人可能会把它看成是包袱；而心胸宽广的人则把它看作是提高和充实自己的机会。很多时候，我们的目光被禁锢在一个狭小的范围内，"鼠目寸光"而又"自以为是"，看不到事物的客观真实性。

"金无足赤，人无完人"，谁都不能夸口自己是完美的。接受别人的批评，是为了完善自己。同时，也没有人一无是处。在"胸有成竹"时相信自己，在"迷茫怅然"时相信别人，让二者相互配合、相互补充，你会拥有精彩的人生。

做人哲学

抬起头承认自己的错误，那么错误也将有益于你。

永远不要认为自己是"大材小用"

如今越来越多的年轻人相信"天生我才必有用"，总觉得从事现在的工作真是委屈了自己。这种思想是万万要不得的。它只能让你变得目中无人、眼高手低、牢骚满腹，对你今后的发展绝无好处。须知，再小的事要想真正做好也不是那么容易的，只有谦虚谨慎、不好高骛远、踏踏实实从小事做起，才能一步一步走向成功。

眼高手低，会离成功越来越远

年轻人有远大的理想固然是好事，但是如果不能脚踏实地做人，理想也就无从实现。如果不及早纠正眼高手低的毛病，那么你的梦想就会变为空想。

郭英毕业于某大学外语系，她一心想进入大型的外资企业，最后却不得不到一家成立不到半年的小公司"栖身"。心高气傲的郭英根本没把这家小公司放在眼里，她想利用试用期"骑驴找马"。在郭英看来，这里的一切都不顺眼——不修边幅的老板、不完善的管理制度、土里土气的同事……自己梦想中的工作可完全不是这样。"怎么回事？""什么破公司？""整理文档？这样的小事怎么能让我这个外语系的高材生做呢？""这么简单的文件必须得我翻译吗？""噢，我受不了了！"就这样，郭英天天抱怨老板和同事，双眉不展，牢骚不停，而实际的工作却常常是能拖则拖，能躲就躲，因为这些"芝麻绿豆的小事"根本就不在她的思考范围之内，她梦想中的工作应该是一言定千金的那种。她总是感叹："梦想为什么那么远呢？"试用期很快过去，老板认真地对她说："你确实是个人才，但你似乎并不喜欢在我们这种小公司里工作，因此，对手边的工作敷衍了事。既然如此，我们也没有理由挽留你。对不起，请另谋高就吧！"被辞退的郭英这才清醒过来，当初自己应聘到这家公司也是费了不少力气的，而且就眼前的就业形势来说，再找一份像这样的工作也很困难。初次工作就以"翻船"而告终，这让郭英万分后悔，可一切都已经晚了。

郭英犯的是年轻人普遍犯的一个错误：好高骛远。实际生活中，我们要脚踏实地，时时衡量自己的实力，不断调整自己的方向，才能一步一步达到自己的目标。但凡在事业上取得一定成就的人，大都是从简单的工作和低微的职位上一步一步走上来的。他们总能在一些细小的事情中找到个人成长的支点，不断调整自己的心态，走向成功。而"眼高手低"只会让你永远站在起点，无法到达终点。

牢骚多了，对自己没有好处

又到了年终业绩评比的时候了，作为公司的业务主力，戈洛尔的业绩名列整个集团公司的第五名。按以往的惯例，公司将会为业绩在前六名的员工颁发2万元的年终奖金。戈洛尔十分兴奋，早已将这个消息告诉了妻子。

终于等到名单公布，结果却出乎意料，戈洛尔的名字并没有出现在获奖名单上。"第七名都入围名单了，凭什么裁掉我？"戈洛尔愤愤不平地找到上司。

上司平静地看着他，缓缓地说道："这次考核，不仅看业绩，还看平时的表现，尤其是个人的心态。很多同事反映你平时总是满腹的牢骚与抱怨，这不仅影响到公司的士气，而且还让同事间彼此产生很多误会，导致一些客户丢失。这就是公司取消你奖金资格的原因。"

面对上司的陈述，戈洛尔几乎找不到反驳的理由，默默地低下了头。上司拍拍他的肩膀，安慰道："我能理解你的心情。回去反思一下，相信明年会看到一个全新的你。"

有时明明是别人做错了，抱怨一下也是问题吗？他从来没有意识到，抱怨也会影响到他的事业。

其实戈洛尔是个非常有才华的人，本来毕业后他要进的是另一家企业，但后来出现变故，才来到现在就职的公司。所以，刚来时他就有些不情愿，一进公司就怨天尤人，让上司和同事都觉得不愉快。再加上他觉得一身才气没受到重用，便不免牢骚满腹。他常常抱怨命运不公，抱怨上司事情处理得不好，抱怨同事爱挑他的毛病，抱怨下属能力不济……

无休止的抱怨最终只会迷惑自己的心智，导致无法用理性分析事情。抱怨和指责是生活中最不和谐的噪音，抱怨只会让人对你敬而远之。

端正心态，前方便是大道

年轻人应当有远大志向，才可能成为杰出人物。但要成为杰出人物，还必须放下身段，从最底层做起。如果你降低一下自己的目标和野心，做好普通人做的普通事，你的视野就会更开阔，你的人生才会有意想不到的机会。

王丰是一位大学生，在所有人眼里，成绩好的他注定会成就一番大事业。

正如人们所预料的，他确实成就了一番事业。只是在外人看来，这番事业有点儿和他的身份不相符——卖蚵仔面线卖出了成就。

毕业后不久，还没找工作的他得知家乡附近的夜市有个摊子要转让，就向家人"借钱"买了下来。出于对烹饪的兴趣，他便自己当老板，卖起了蚵仔面线。"一个大学生竟然卖起了蚵仔面线？"很多人对此想不明白，但这种"大学生效应"也为他招揽了不少生意。他自己也没有觉得卖面线有什么丢脸、见不得人的。他的生意越做越大，最终成就了一番事业。

比起那些不屑从底层做起的同学，正是他的这种放下身段做人的心态使他更先一步登上了成功的宝座。

不要轻看任何一项工作，踏踏实实地去做，没有人可以一步登天。当你认真对待每一件事时，你会发现自己的人生之路越来越广，成功的机会接踵而来。

做人哲学

　　认为自己"大材小用"的人在为自己掘下一个可怕的陷阱,失败就在陷阱中潜伏。

别人卖弄口才，
你多思慎言

·低调做人的艺术·

不轻易对人评头论足，
不轻易对事情仓促表态

成熟的人不会轻易谈论别人，而是遇事多思谨言，保持沉默。对人评头论足是一种缺乏素质的表现，这样做的人不但没有好人缘，也不会得到别人的尊重。

不要轻易说人是非

生活中有一些人喜欢在人背后说三道四，总以为当事人不知道，其实，心理学家调查研究后发现，事实上只有1%的人能够严守秘密。你所说的坏话不久便会传到对方的耳朵里，别人不仅对你有看法，还有可能以其人之道还治其人之身，说你的坏话或打击报复你。

张影和范冰是同事，在一个办公室工作。

有一次，在去吃午饭的路上，范冰对张影说："你知道吗，财务部的小王被辞退了。"

张影很吃惊，就问："她为什么被辞退了？是不是在账务上出什么问题了？"

范冰说："你还不知道，她的个人生活非常糟糕……"说到这里，她神秘地笑了笑。

张影联想到范冰平时就爱打听别人的隐私，对一些捕风捉影的事儿常常添油加醋，就好心地提醒她说："哪有这样的事儿，我劝你不要背后这样说人家的坏话，小心让人家知道了。"

也许意识到自己说漏了嘴，范冰语气郑重地说道："这话我只对你讲了，你千万不要说出去。"

"咱们都是多年的好朋友了，我哪能出卖你。"张影向范冰保证。

其实，她们哪里注意到，就在她们身后不远处，办公室王主任正拿着饭盒向食堂走来。

一个月后的一天下午，范冰向王主任汇报工作，就在她滔滔不绝地说话时，王主任却突然发起火来："你就不要找理由了，上次你说小王的坏话，我都听见了。你还想狡辩？"

王主任为了杀一儆百，开除了范冰，而好心规劝的张影却得到了提升。

言多必失，祸从口出。特别是在一些不为人注意的场合，你一不小心，说出的话就可能在伤害别人的同时，也为自己招惹祸端。

说话切忌揭人伤疤

世上本来就有很多不幸的人，一出生即背负了身体上的缺陷。他们之所以如此，并非自己心甘情愿的。因此，凡是有怜悯之心的人，都不应该以他们身体上的缺陷为话题。事实上，这也是与人交往时必须注意的一种礼节。

当着别人面说那种伤人心灵的话，这是非常不人道的。例如，有些人常常使用一些刻薄的言语："睁眼瞎""拖油瓶""拖累人的废物""精神薄弱儿""坏胚子"等字眼。

假如你有心观察的话，将不难察觉到这些字眼儿是极为伤人的，甚至是一些非人道且残酷的字眼儿。我们不妨设身处地地想一想，如果自己被如此称呼，颜面何存？

"金无足赤，人无完人"，谁都不应该拿别人的缺点或不足开玩笑。你以为你很熟悉对方，可以随意取笑对方的缺点，但这些玩笑话却很容易被对方认为你是在冷嘲热讽。倘若对方又是个比较敏感的人，你会因一句无心的话而触怒他，以致抱怨，而使朋友之间的关系变得紧张。而你要切记，这种玩笑一说出去是无法收回的，也无法郑重地解释，到那个时候，再后悔就来不及了。

别人的伤疤是不能轻易触碰的，更不能拿来当作开玩笑的谈资。笑你的同学考试不及格、笑你的亲戚做生意因上了别人的当而亏了本、笑你的同伴在走路时跌了一跤……本来这些都是应该给以同情的，而你却拿来取笑，不仅使对方难堪，而且显现出你的冷酷无情。

诙谐而不伤人自尊的语句，能使人快乐，更会发人深思。这种智慧型的玩笑，是玩笑中最上乘的，在不伤害别人的同时，使大家开心。如果能诚心诚意地这样做，你一定可以获得更多人的信赖与钦佩，将会获得更多的朋友。

在没有弄清事情真相之前，不要轻易表态

小胡刚到一家公司，由于性格开朗，很快就跟同事们打成一片。其中顶头上司老魏给他的感觉最好。老魏是这里的老员工，人很大方，在小胡刚来的第二天就请他到外面吃了一顿。小胡很感激，也决心在这位上司的带领下好好干出一番事业来。

不久，老魏找到小胡，说是想给公司上一个项目，这个项目若做成了，会给公司赚来很高的利润，也会让整个部门受益。鉴于目前仍处在策划阶段，尚未上报公司，因此想先在部门内部达成一致。

小胡听了老魏的设想后，举双手赞成。

不久，公司开会讨论这件事。老魏又是放幻灯片，又是发表格，对自己的计划进行了有力的阐述。总经理听完，问道："你们部门内部人员是怎样看的？"小胡连忙发话："我觉得很好。我会全力支持老魏！""其他人呢？"总经理又问道。台下没有一个人搭腔。小胡慌了：咦，平时那些处得很好的同事怎么都屏声敛气不搭腔呢？总经理连

问了几遍,还是没有任何回应,于是会议草草结束。总经理说回头考虑考虑再说。

此后数天同事们对小胡都不大理睬。老魏也不那么神采飞扬了。两个星期后,老魏离职了。据说公司调查出来老魏想干的那件事是跟一个亲戚勾结起来,合伙牟取公司的利益。同事们都很了解老魏的为人,因此都不愿意支持他。

老魏前脚刚走,小胡后脚就被踢出门。

小胡败就败在对一件事情尚不了解,就凭个人感情或一时冲动做出表态。这是非常危险的事情。君不见,凡是能成功的人大多是心中有数却轻易不说者。现实生活中,很多人跟小胡一样,不了解事情的真相,就仓促表态。

做人哲学

成熟的人,都会少说多做。因实际行动说明问题更有说服力。

非必要场合，
永远不玩辩论游戏

一时的口舌之争也许会让你获得短暂的胜利，但这种胜利是虚妄的，绝不会使你的对手心悦诚服。当聪明人遇到不必要的争论时，会很快地避开它。因为他们懂得，不必要的争论，不仅会使自己丧失朋友，还会浪费自己大量的时间。

把争论放一边，让事实说话

有些人，特别是青年人，为了证明自己的正确和实力，常常为一个问题争论不休，唇枪舌剑，各不相让，有时甚至异常激烈，充满了火药味。但是在激烈的辩论之后，仍然是各持己见。

事实胜于雄辩。一些成功的人大都体会到，只能用铁的事实、正确的结果去征服对方，而不能用辩论取胜。正如曾任美国财政部部长的麦柯杜在晚年回忆中总结出的一条生活经验："不能用辩论击败一个无知的人。"

一位顾客到一家百货公司要求退回一件外衣。她已经把衣服带回家并且让她丈夫穿过了，只是她丈夫不喜欢。她解释说"他没穿过"，并要求退换。

与对方争执这件外衣被干洗过，这种做法显然无济于事。因为她已经说过"他没穿过"，而且精心地伪装过。机敏的售货员决定换个方式，说："我很想知道是否你们家的某位成员把这件衣服错送到了洗衣店。我记得不久前我家也发生过这样的事情，我把一件刚买的衣服和其他衣服堆在一起，结果我丈夫没注意，把那件新衣服和一大堆脏衣服一股脑儿塞进了洗衣机。我怀疑你是否也遇到了这种事情——因为这件衣服的确能看出被洗过的痕迹。不信的话，你可以跟其他衣服比较一下。"说着，售货员从柜台中取出另外一件与这件衣服款式大小一模一样的新衣服来，放在顾客的面前。

那位顾客看了看，摆在面前的事实无可辩驳，而售货员又为自己准备好了退步的台阶。稍思量后，她决定顺水推舟收起衣服走人。

事实远比语言有力得多。售货员用事实说话，使对方不得不承认，同时她也替那名顾客找好了借口，给对方留足了面子。这样，她既避免了纷争，又巧妙地解决了问题。

用甜蜜的语言拉近心灵之间的距离

在一般场合，甜蜜的语言往往胜过雄辩，会收到意想不到的效果。

《哈尔罗杰历险记》中，15岁的罗杰是一个勇敢、机智、善良、可爱的男孩。

书中写到他在探险中与遇到的动物的交往，更是令人感动。他跟动物们总能很好地相处，这也许是因为他喜欢它们，但也可能是因为它们不怕他，但最重要的原因是罗杰温柔的语调使得动物们感受到他的友好和感情，和他心灵相通，使罗杰化险为夷。

在《哈尔罗杰历险记》中，罗杰先是遇到一只北极熊。这只熊四足落地时肩与罗杰一般高——150厘米，站起来却有3米多，只用几口就能把罗杰吞掉。罗杰怎么办呢？他"轻声细语，温柔地爱抚着那只巨兽，仿佛它只是一只小猫咪"。尽管这只北极熊没学过任何语言，但它会分辨人说话的语调。罗杰轻柔的嗓音让它很舒适，它努力地模仿着，发出心满意足的呜呜声回应他。于是，这只巨兽成了罗杰的宠物和好帮手。

后来，一只北美驯鹿闯到了他们住的雪屋——伊格庐里，并且野性大发，犄角胡挑乱撞，后蹄到处乱踢。罗杰勇敢地抓住了它的一只角，用另一只手抚摸它激动的脖子，同时对着它的大耳朵说一些虽无意义但却甜蜜动听的话。他坚持了整整10分钟，一边爱抚，一边温柔地说话。这是罗杰的拿手好戏。那只驯鹿不再挣扎，一双眼睛凝视着罗杰，看上去已经没有了恶意。罗杰终于驯服了这只大鹿。听起来简直不可思议，但这确是事实。

俄国动物心理学家纳捷日达·尼古拉耶夫娜·拉迪根娜柯茨说，黑猩猩伊奥尼能发出20种声音，而且每种声音都表示它一定的感情或愿望。当代心理学家也证明，婴儿的意识是随着情绪的变化和发展开始萌发的。温柔的语调是情感交流的最好媒介。

所以，在人际交往中，在办事的过程中，多用一点罗杰的做法，多用一点"甜言蜜语"，那会使人与人之间的关系更加融洽、人们的心灵更加接近。

> **做人哲学**
>
> 　　在你进行辩论的时候，你或许是对的，但从改变对方的思想上来说，你将毫无所得，如同你错了一样。

比起说大话，
说"小话"更为妥当

　　说话并不是一件简单的事情。想说就说，想什么时候说就什么时候说，甚至有的人想说什么就说什么，根本就不经过大脑的思考，这样，最终吃亏的还是自己。智者说话简明扼要，绝不夸张抬高自己。

告别自吹自擂

有些时候说"小话"的作用比说大话的作用要明显得多。美国北部将军格兰特堪称说"小话"的楷模。

美国南北战争时期，北军和南军有过一次激烈的交锋。最终，由格兰特将军领导的北军大获成功，而南军将领李将军战败被俘，并被送到爱浦麦特城受审。

赢得胜利的格兰特将军是一个胸襟开阔、理智的人，他并没有因为这次战斗的胜利就目中无人。相反，他很谦恭地说："李将军是一位值得我们敬佩的人。他虽然战败被擒，但态度仍旧镇定异常。像我这种矮个子，和他那六尺高的身材比起来，真有些相形见绌。他仍是穿着全新的、整洁的军装，腰间佩着政府奖给他的名贵宝剑；而我却只穿了一套普通士兵穿的服装，只是衣服上比普通士兵多了一条代表中将官衔的条纹罢了。"

这一番谦虚的话听在人耳里，远比自我炫耀、自吹自擂好得多。

唯有对自己的成就产生怀疑的人，才爱在人前吹牛，以掩饰那些令人怀疑的地方。

注意说话的时机

美国加利福尼亚州的乔治，资产超过十亿美元，与他合作意味着可以获得巨大的商业投资。他曾与商业伙伴戴维飞到某国的某大城市，准备在那里投资建厂。经过多方努力，三天后，乔治终于找到了理想的合作伙伴——某大型公司的老板。这位老板之所以能坐到谈判桌前，就是因为他的精明能干和通晓市场行情的本领令乔治大为欣赏。尤其当乔治听了这位老板对合资企业的宏伟设想后，他似乎已经看到了合资企业的光辉前景。可是就在他们准备签约的时候，忽听这位老板颇为自豪地炫耀："我们公司拥有2000多名员工，去年共创利润700多万元，实力绝对雄厚……"

听到这里，乔治立刻呆住了，他在心里暗暗一算：当地的700万元折合成美元是90余万元，一个2000多人的公司一年才能赚这么点钱，而这位老板居然还表现得如此自豪和满意，看来合作以后这个企业肯定会令人非常失望，因为离自己预定的利润目标差距实在太大了。想到这里，乔治决定马上终止合作谈判。

仅仅因为一句话，到手的投资就这样没了。试想如果那位老板当时不说那些话，这投资的事不就成了？这只能说明这个老板不会说话，不知道在什么场合说什么样的话。最终，因为这个问题失去了一笔很大的投资。

好话并不是什么时候都适用，并不是什么时候都能给自己带来好处，而是要看时机。时机对了，那就是动力；时机不对，那就成了阻碍！

适时运用沉默来为你加分

沉默不是万能的，但没有是万万不能的。它不仅可以增强语言的效果，还可以作为谈判中一种有效的策略。用耐心的沉默让对手感到不自在，非得用回答问题来打破僵局不可，只要他不说出让你满意的话，你就一直保持沉默。

美国总统林肯和道格拉斯进行过一次激烈的辩论。在这次辩论中，林肯利用沉默的力量最终赢得了胜利。

当年，为了争取一个进参议院的名额，林肯和道格拉斯进行过多次辩论，辩论快要接近尾声了，种种迹象表明道格拉斯胜券在握，可是林肯并没有灰心丧气；相反，他的表现始终镇定、沉着，仿佛还有许多招数没有施展出来。

这是林肯最后一次演说了。当讲到一半的时候，他突然停了下来，就那样默默地站着,足足有一分钟。大家面面相觑,不知道他想干什么。林肯深情地看着听众,缓缓说道:"朋友们,不管是道格拉斯法官或我自己被选入美国参议院,那都是无关紧要的,一点儿关系也没有;但是,我今天向你们提出的这个重大的问题才是最重要的,远胜于任何个人的利益和任何人的政治前途。朋友们——"

林肯再一次停了下来。所有的听众都屏住呼吸,集中注意力,唯恐漏掉一个字。沉默了10秒钟后,林肯接着说道:"即使道格拉斯法官和我自己的那根可怜、脆弱、无用的舌头已经安息在坟墓中时,这个问题仍将继续存在……"

林肯最终取得了辩论的胜利,这不能不归功于林肯适时地运用了沉默的技巧。

当然要注意的是,在你提出问题接着就沉默后,不要再继续提出其他问题或发表评论,这样,沉默才有可能奏效,也才可能把沉默的作用发挥到极致。

做人哲学

　　一个真正成功的人,是不必自我吹嘘、自我炫耀的,因为你的成绩、你的成功,别人会比你看得更清楚。

空头支票不能乱开，
空头诺言绝不轻许

成功者是不会轻易去承诺某一件事的。"空头支票"不仅增添他人的无谓麻烦，而且损坏自己的名誉。华盛顿说："一定要信守诺言，不要去做力所不及的事情。"这位先贤告诫他人，因承担一些力所不及的工作或为哗众取宠而轻诺别人，结果却不能如约履行，是很容易失去他人信赖的。

许诺只在一时，践约却要永远

1797年3月，在卢森堡第一国立小学演讲的拿破仑为了表示对校方的感谢，把一束价值3路易的玫瑰花送给该校的校长，并且说了这样一番话："为了答谢贵校对我，尤其是对我夫人约瑟芬的盛情款待，我不仅今天呈献上一束玫瑰花，并且在未来的日子里，只要我们法兰西存在一天，每年的今天我都将派人送给贵校一束价值相等的玫瑰花，以作为法兰西与卢森堡友谊的象征。"

后来，拿破仑因失败被流放到圣赫勒拿岛，自然也把对卢森堡的承诺忘得一干二净。

历史继续前行，到1984年年底，卢森堡人竟然旧事重提，向法国政府提出这"赠送玫瑰花"的诺言，并要求索赔。他们要求法国政府：要么从1798年起，用3个路易作为一束玫瑰花的本金，以5厘复利计息全部清偿；要么在法国各大报刊上公开承认拿破仑是个言而无信的小人。法国政府当然不会做有损拿破仑声誉的事，但当电脑算出全部的钱数时，他们惊呆了：原本3路易的许诺，至今本息已高达1375596法郎。

你确认你一定能够做到的事情你才可以承诺，如此才能得到别人的信任。如果你没有能力实现你的承诺，却胡乱向别人许诺，就会像拿破仑一样破坏你在别人心目中的形象。

轻易许诺，只能使自己失去信任

成功的人会注意承诺这个细节。他不会轻易去承诺某一件事，即使有把握，也不会轻易承诺。而生活中有许多人的承诺很轻率，不给自己留下丝毫的余地，结果使许下的诺言不能实现。

又到了评定职称的时候，某高校一系主任，郑重向本系青年教师许诺，一定会让他们三分之二的人评上中级职称。不料，当他向学校申报名额时，学校说不能给他那么多名额。虽然他据理力争，东奔西走，磨破嘴皮子，还是无济于事。他又不愿意把真实情况告诉系里的教师，只是对他们说："放心吧，我既然答应你们了，一定会做到。"

看到最终公布的职称评定结果，众人很是失望，甚至有人当面质问他："主任，你答应给我的中级职称呢？"除了要面对众人的指责，校领导也批评他是"本位主义"。从此，他不仅在系里信誉全无，而且失去了校领导的好感。

诺言是信任的前提，如果你坚守住了诺言，你会得到更多的信任；如果你违背了诺言，你就失去了做人最起码的诚信。

信用总是难得易失的，往往由于一时一事的言行而失掉。所以爱惜信用的人一定要谨慎行事，才不致种下失信的苦果。

做人哲学

许诺分两种：一种如清茶，倒一杯是一杯；一种如啤酒，才倒半杯，便已泡沫翻腾——别让泡沫蒙住双眼，也别造泡沫蒙人。

不要主动给上司代言，也不要随便传言

上司毕竟不像一般同事。与上司相处，平时说话交谈、汇报情况时，说话要注意分寸，不主动给上司代言，也不要随便传言。

言多必失，不要越位说话

在生活中，每个人都扮演着属于自己的角色；在一个团体之中，每一个人都有属于自己的位子。即便得意时也不可忘形，不小心把手伸到人家的地盘上，难免会受到别人的非议。同理，说话也要把握好分寸，说出的话一定要与自己的身份、地位相符合，千万不可以把别人该说的话都自己说了。

经过几年的奋斗，张小姐终于成为一家跨国集团分公司的公关部经理。

在总公司的一次宴会中，张小姐依仗自己的不凡业绩，大出风头，八面玲珑地周旋于宾客间，不可否认这确实让宴会的气氛甚为活跃。每当轮到总公司的高层和主管分公司的总经理致辞时，张小姐就在旁边一一介绍他们出场。轮到她的上司，即分公司的总经理致辞了，没想到她竟先说了一番感谢词，虽然说的不多，但这足以让总公司的主管反感，因为她当时只负责介绍上司出场，并无独立发言的权力。

而且在整个宴会过程中，总公司主管发现她在提及公司的事务时，常以个人观点发表看法，完全不提经理的意见，让人觉得她才是这个分公司的总经理。宴会过后，分公司经理被上级邀请开会，研究他是否坚守自己的职位，是否懒至由公关经理代为处理日常业务。最终，张小姐因越俎代庖，被上司辞退了。

说话献计献策，却不替老板拍板

献策，而非决策。真正成为老板靠得住、信得过、离不开的得力助手，就必须把握办公室工作的特点，找准自己的位置。和老板沟通最重要的一条：不要代替老板做决定，而是在老板同意下针对其工作习惯和时间对各种事务进行酌情处理。

进入企业不到两年，小文就成了公司的主力干将，上司也有意提拔她。

一天，出于信任，经理把小文叫到办公室，交给她一个新项目。能受到公司的重用，小文自然很高兴。恰好这天要去广州某周边城市谈判，小文考虑到人多坐公交车不方便，人也会很疲劳，这样势必会影响谈判效果；打一辆车又坐不下，两辆车费用又太高，想来想去还是包一辆车经济实惠。

想到这里，小文没有直接去办理。几年的职场生涯让她懂得，遇事向上级汇报是绝对必要的。于是，她来到经理办公室，把几种方案的利弊分析了一番，接着说："我决定包一辆车去！"汇报完，小文满心欢喜地等着经理的赞赏。

可事实正好相反，经理反而板着脸语气生硬地说："是吗？可我认为这个方案不太好，你们还是买票坐长途车去吧！"小文愣住了，她不明白为什么一个如此合情合理的建议被否定。

纵观整个事件，不难发现问题就出在小文的措辞上。如果小文能这样说："经理，现在我们有三个选择，各有利弊。我个人认为包车比较好些，但我做不了决定。您经验丰富，您能帮我做个选择吗？"听到这样的话，上司肯定会答应小文的请求，这样事情才能圆满解决。

老板才是公司的最高决策者，无论事情的大小都有必要经过他的同意。因此员工需要了解老板的工作风格、工作方式，在说话时选择合适的方式，和老板保持良好的沟通，让工作顺利地展开。

做人哲学

领导的话不可乱传，领导的话不能代说。

别人直来直去，你委婉含蓄

·低调做人的艺术·

婉转表达，不碰钉子

委婉含蓄的表达是一种语言的艺术。委婉含蓄地表达比直截了当地说更能体现人的语言修养。委婉含蓄的语言，既是劝说他人的法宝，又能满足人们心理上的自尊感，容易产生赞同。

说话要经过大脑

中国有句俗话：到什么山上唱什么歌，见什么人说什么话。让你的话合乎人心，给人如沐春风之感，自然柔和亲近。如果说话不经过大脑就脱口而出，就容易伤人心，让听话的人难过。

为了庆祝40岁的生日，老马特意邀请了四个要好的朋友到家中吃饭。三个人准时到达了，只剩一人不知因为什么原因，迟迟没到。

都这么晚了怎么还不来。老马心里有点着急，不禁脱口而出："真是急死人！该来的怎么还没来呢？"其中一位朋友听了很不高兴，对老马说："你刚才说该来的还没来，意思就是我们是不该来的，那我只好告辞了，再见。"说完就气呼呼地走了。

一个朋友没来，另一个朋友又被气走了，老马更着急了，又冒出一句："真是的，不该走的却走了。"剩下的两个人，你看看我，我看看你，突然其中的一个人生气地说："照你这么讲，该走的是我们啦！好，我走。"说完，扭头就走了。

又气走了一个朋友，老马急得像热锅上的蚂蚁，真不知如何是好。最后剩下的这一个朋友与老马的交情较深，就劝他说："朋友都被你气走了，你说话应该注意一下。"

老马觉得很无奈，随即解释道："他们全都误会我了，我根本不是说他们。"

听完这话，最后这朋友再也按捺不住了，脸色大变道："什么！你不是说他们，那就是说我啦！真是莫名其妙，有什么了不起的！"说完，拉着脸也走了。

言者无心，听者有意。说话要严把嘴巴关，千万不要像这位老马，说话欠考虑，得罪了满怀高兴来给自己过生日的朋友。

学会说话，是一门艺术。尤其重要的一点，是说话要经过冷静的分析，分辨出哪种方式适合当前状况，再付诸行动，这样才能达到理想目的。

说话要避开陷阱

在办事说话的技巧中，要学会偶尔装点傻。这是一种绕过困难的表达方式，优点是进可攻，退可守，别人根本摸不清你的意思，也就避免了不必要的尴尬。

戈尔巴乔夫任苏联总书记时才54岁,这是很罕见的特例,因为当时的俄共政权是由平均年龄70岁的老人所把持的。全世界的人都很关注他的施政,想看看这个年轻的国家领导人会把苏联带往什么方向。

在戈尔巴乔夫召开的记者招待会中,来自各国的记者纷纷举手抢着发问。

一位美国记者问他:"戈尔巴乔夫先生,我们都知道你是有激进思想的领导人。可是,当你要决定政府重要官员名单时,是不是会先和上头的重量级人物商量?"

戈尔巴乔夫一听,故意板起脸来回答:"喂!请你注意,在这种场合,请不要提起我的夫人。"

大家一听哄堂大笑。接着,不等美国记者再发言,戈尔巴乔夫马上指着另一名记者说:"好,下一个。"绕开了尖锐的问题。

在遇到此类问题时,这种绕弯的回答方式,是我们应该掌握的一门语言艺术。如果你学会了在生活中偶尔装点傻,你就能避开不必要的麻烦。

做人哲学

最会说话的人,是善于含蓄委婉表达的人,因为委婉的话最容易说到别人心坎里。

与不同类型的人
打好交道

许多人按照自己的喜好来处理周围的人际关系，善于和与自己同类型的人打交道，不善于和有别于自己这个类型的人打交道。善于与各种类型的人打交道者，往往比那些只和自己喜欢的人打交道的人更容易获得成功。也许就是那些你不喜欢的人，为你的成功"画龙点睛"。

对不喜欢的人保持宽容

如果你以一颗宽容的心去对待周围的人与事，你会发现自己的路会走得更加顺畅。

小李毕业后在某合资公司外贸部就职，不幸碰上一个什么本事都没有的主管。此人每天下班后没什么事儿也要向外国老板要求拼命"加班"，把本来好好的工作计划弄得一团糟；出了错，又把责任全部推给小李。小李只好忍气吞声等老板长出一对"火眼金睛"，结果等了三个月，还是等不来一句公道话。

一气之下，小李就去了另一家外资公司。在那里，她出色的工作博得了许多同事的称赞，但无论如何也没法使以严苛著称的鲁经理满意。

心灰意冷间，她又萌动了跳槽之念，于是向总裁递交了辞呈。总裁也没有竭力挽留小李，只是告诉她自己处世多年得出的一条经验：如果你讨厌一个人，那么你就要试着去爱他。总裁说，他就曾鸡蛋里挑骨头一般在一位上司身上找优点，结果，他发现了上司两大优点，而上司也逐渐喜欢上了他。

小李还是很讨厌她的经理，但也悄悄地收回了辞呈。她试着按照总裁的方法去做，慢慢地，她发现自己的经理似乎也不是那么讨厌了。她说："现在想开了，作为一个成熟的人应该放开心胸去包容一切。换一种思维就会发现，乐趣要比烦恼多。"

卡耐基说："如果你不喜欢一个人，有个简单的方法可以帮你改变自己：寻找别人的优点，你一定会找到一些的。"释迦牟尼说："以爱对恨，恨自然消失。"所以对待他人，要多欣赏。他人有高有低，要多发现他人的优点。人生有了这种宽容的气度，才能安然走过险途，才能闲庭信步，笑看花落花开。

用诚恳打动不喜欢你的人

在与你不喜欢的人打交道的时候，经常会遇到"碰一鼻子灰""热脸贴着冷屁股"的情况。如果遇到这些情况该怎么办呢？不妨试试用一颗诚心打动对方。

刘婷是一所名牌大学的毕业生，她活泼、热情、大方、干练。毕业后签合同的时候，她挑选了一家知名度较高的合资企业，并如愿在这家公司当文员。

刘婷挑选合资企业是因为这样更容易实现自己的抱负——自己开公司。她要在这里学习外国人先进的管理经验，同时也积攒点钱，为日后自己的发展打基础。因此，她从底层做起的思想准备很充分。

她所在的办公室连加上她才三个人，另两个，一个是四十多岁的英国人麦克，一个是与她年龄差不多的王亮。麦克是上司，经常与领导外出谈生意，王亮则忙着永远也不见少的文件。每当电话铃声一响，王亮总是朝刘婷努努嘴，示意要她听电话，她手头的活再忙也得放下。要是有客户来，端茶递水也总是刘婷干的活儿。至于业务上的事，任刘婷怎样态度谦恭地请教，麦克和王亮都除了是或不是，绝不多说半个字。

对此，刘婷虽然很不理解，但是她仍然坚持自己能多做就多做，能给麦克和王亮提供帮助就尽量帮助；在请教他们的时候，仍然恭恭敬敬、谦虚诚恳。日子长了，刘婷的所作所为被麦克和王亮看在眼里，记在心中。渐渐地，他们也变得热心起来，有时甚至还会主动给予刘婷指导或帮助。办公室里三个人的关系越来越融洽了，刘婷也感觉工作越来越顺心顺手了。

同事间的冷漠是每一个踏入新环境，特别是初入职场的人都会碰到的，所以尽量用自己的诚恳打动别人，是你应有的心理准备。

做人做事，刚柔并济，代表一个人肯为自己的生活负责，是一位肯担当、不敷衍的务实者。他们肯在失败中寻找教训和经验，肯在顺境中居安思危，冶炼自身，更重要的是他们有一种锲而不舍的乐观和冲劲。

运用"小聪明"，让别人喜欢你

一生充满传奇色彩的联想总裁柳传志说过一句话：人的综合素质中，要具备一种能力，就是要学会和自己不喜欢的人打交道，这样才能让你在面对一些比较棘手和复杂的情况的时候，也能很自如地处理。

哈蒙从耶鲁大学毕业后，在德国的弗来堡大学又攻读了三年。毕业后，他找到美国西部矿业主哈斯托，希望在他那儿得到一份适合自己的职位。哈斯托是个脾气执拗、注重实践的人，他不太相信那些文质彬彬的专讲理论的矿务工程技术人员。

当哈蒙向哈斯托求职时，哈斯托说："我不喜欢你的理由就是因为你在弗来堡大学做过研究，我想你的脑子里一定装满了一大堆傻子一样的理论。因此，我不打算聘用你。"

听到这话，哈蒙装作很胆怯的样子，对哈斯托说道："如果你不告诉我的父亲，我将告诉你一句实话。"哈斯托表示他可以遵守。哈蒙接着说道："其实在弗来堡时，我一点儿学问也没有学回来，我只顾着实地工作，多挣点儿钱，多积累实际经验了。"

哈斯托随即哈哈大笑起来，态度一转，连忙说："好，这很好！我就需要你这样的人，那么，你明天就来上班吧！"

就像哈斯托不喜欢哈蒙一样，在一些情况下，别人不喜欢我们并不是因为我们自身存在什么不可弥补的缺陷或犯了什么不可原谅的错误，而只是因为一些琐碎的、先入为主的偏见。这时，争论或辩解不仅不能改善对方对我们的印象，反而会使对方对我们更加反感。因此，我们不妨学一学哈蒙，运用一点儿"小聪明"，幽默风趣地化解对方的偏见，让对方喜欢我们，接受我们。

▋做人哲学

宽容不但是做人的美德，也是一种明智的处世原则。去爱自己不喜欢的人也是一种不可缺少的宽容。

对待不如你的人也要保持礼貌

走入社会，形形色色的人你都会遇到：有比你才高的，也有不如你的；有你喜欢的，也有你不喜欢的。这时候，要端正你的心态，不要因为别人不如你或你不喜欢就连基本的礼貌也没有了，端出一副目中无人、很不屑的架子。这样做只能使别人离你越来越远。

对别人的意见表示尊重

当你的意见与他人产生分歧时,你是否会考虑一下他人的想法?在日常生活与工作中,我们的回答往往是否定的。不尊重他人的意见,一则于己不利,因为如果他人的意见对了,但是你没听取,那你就不能得到正确的信息,也就不可能获得正确的结果;二则伤害他人,由于你不尊重他人的意见,伤害了他人的自尊心,造成人际关系上的负面影响。况且我们每个人不可能时时正确,事事通晓,所以我们应该时时注意听取他人的意见。

作为纽约泰勒木材公司的推销员,克洛里每天都要面对顾客的各种质疑。有一天早上,克洛里接到了一位愤怒的顾客的电话。听听这位顾客都说了些什么:"你们公司到底是怎么做的?运来的一车木材完全不符合要求。我们把木材卸下25%后,木材检验员发现55%的木材不合乎规格。公司已经下令停止卸货了,请你们马上把木材运回去。我们拒绝接受这样的木材。"

放下电话,克洛里立刻动身前往对方工厂。路上,他一直在考虑如何把问题解决得更完美。按照以往做法,他会用自己的实际工作经验和专业知识来说服检验员。但这一次,他打算换个思路,把在课堂上学到的办法拿出来用用看。

到达工厂后，他一方面让工人们继续卸货，另一方面请检验员把合格的木材和不合格的木材分别堆放。终于，他发现了事情的真相：原来不仅是他们检查得太严格了，最主要的是把检验规格搞错了。那位检验员对白松木并不十分了解，而白松木碰巧是他最内行的。但是，他并没有指责对方检验员的错误，只是表示希望以后送货时，能满足他们的要求。

克洛里友好的语气以及坚持让对方把不满意的木材挑出来的合作态度，使他们感到很满意。尤其是克洛里的小心提问，让他们自己觉得有些不能接受的木料可能是合格的。当他们向克洛里询问有关白松木板的问题时，克洛里就对他们解释为什么那些白松木都是合格的，而且对他们承诺：如果他们认为不合格，他不会要他们收下。

克洛里的这些做法让他们觉得自己在检验方面确实存在一些问题，随后他们向克洛里承认，他们对白松木的了解不多，并且没有向克洛里所在的公司说明他们需要的是什么等级的木材。

在克洛里走后，他们又重新检验了一遍卸下的木料，这次他们全部接受了。最终，克洛里收到了一张全额支票。

做事讲究一点儿技巧，尽量控制自己对别人的指责，尊重别人的意见，能使我们获得良好的人际关系，这些关系非金钱所能衡量。学会尊重别人的意见，你会受益匪浅。

别让他人下不了台阶

俗话说：人活脸，树活皮。此话道出了人性的一大特点：爱面子。

给他人留面子非常重要，而我们却很少考虑这个问题。我们常喜欢摆架子、我行我素，在众人面前指责他人，而没有多考虑几分钟，讲几句关心的话，为他人设身处地想一下，所以才造成许多不愉快的场面。

佛雷德·克拉克在宾州的一家公司工作，他对于公司里发生的那件生产部总管辞职事件仍然记忆犹新："那次开生产会议，副总裁提出了一个有关生产过程的管理问题。由于越讲越激动，气势汹汹的他将矛头指向了生产部总管。为了避免在同事面前出丑，生产部总管对这些问题避而不答。这更惹火了副总裁，各种难听的话脱口而出，直骂生产总管是个骗子。

"工作关系再好，也禁不住这样的破坏。说心里话，那位生产部总管工作能力很强，是个很好的员工。但经过那天的风波，他再也没理由待在公司里了。几个月后，他就跳槽到了另一家公司，据说表现很出色。"

与生产部总管的上司相比，安娜·玛桑小姐的上司在处理问题上就明智得多。听听安娜是怎么说的："那时我在一家食品包装公司当市场调查员。为一项新产品做市场调查是我接到的第一份差事。可是，当结果出来的时候，我才发现由于计划工作的一系列错误，造成整个结果完全错误。更糟糕的是，报告会即将开始，我已经来不及和老板商量这件事了。

"当做报告的时候，我吓得浑身发抖，差点哭出来。我在努力控制自己的情绪，以免被人笑话。我简要地说明了一下大致情况，并表示会重新改正，以便在下次会议时及时提出。我战战兢兢地坐下，等待老板发落。结果完全出乎意料，老板并没有批评我。相反，他首先对我的工作表示感谢，并指出执行新计划难免会出错。他相信接下来的新调查一定准确无误，会给公司带来很大益处。在所有同事面前，他肯定我的努力，并说我缺少的是经验而不是能力。我大大方方地离开会场，并下定决心不会让这样的事情出现第二次。"

纵使别人犯错而我们是对的，也要为别人保留面子。每个人都有一道最后的心理防线，一旦我们不给他人退路，不让他人走下台阶，那么他只好使出最后的一招——自卫。因此，我们遇事待人时，应谨记一条原则：别让人下不了台阶。

做人哲学

一位名人说过："有礼貌不一定是智慧的标志，可是不礼貌总是使人怀疑其愚蠢。"对待不如自己的人也能保持有礼貌，是有修养的表现，也是一种为人处世的智慧。

与其被外力所折，
不如主动先弯

"木季于林，风必摧之"，与其为外力所折，不如自己主动弯曲，顺势而为，以"弯曲"躲避外力的打击，以"退"为进。这是一种达观的人生态度，是我们任何人都要去实践的人生态度。

答非所问，避其锋芒

在谈话中，你可以运用"答非所问"的技巧巧妙扭转不利于己的局势。答非所问指答话者故意偏离逻辑规则，不直接回答对方提问，而是通过有意的错位在形式上响应对方问话。答非所问并不是逻辑上的混乱，而是用假装错误的形式，幽默地表达潜在的意思。

演员高远曾在电影《鸦片战争》中扮演蓉儿。在片中，高远演的都是受罪戏，为了能更准确地表现出低贱歌女的骨气，高远表演得很卖力，仅被揪头发的那个镜头，就反复拍了13次，据说把脸都揪肿了。

针对她在剧中的表演，有记者问她："你给自己打多少分？预料比原定扮演者陈冲或巩俐又如何？"对此，高远只是微笑着回答说："现在叫我再演一次会好得多。"

分打低了，评价差了，不符合自己努力演出的实际；分打高了，评价好了，又容易在演艺界招惹是非。高远的聪明在于，用看似不经意的回答，避免直接回答可能造成的不良后果，而且还能含蓄地表达出自己在艺术追求上的谦虚品德和永不自满的精神。

有了错误主动承认

勇于承认错误是一种美德，这种美德超越了虚荣心，同样超越了坚持自我的个性。当意识到犯错误时，最明智的做法就是承认它，并尽快改正。

对于采购员来说，最大的忌讳就是花光准备在销售旺季时使用的货款。可作为采购员的杰瑞恰恰犯了这个错误，他正在发愁如何解决这个棘手的问题。

恰巧此时一个日本商人向他推销一种漂亮的手袋，这时他可以有两种选择：一是放弃这笔肯定能为公司赚钱的生意；二是向老板承认错误，请示拨款。就在他犹豫不决的时候，老板走了进来。杰瑞如实告诉他："我遇到了麻烦，我让这笔生意跑了。"接着他解释了发生的事情。

老板被他的坦诚相告所感动，把下个旺季的贷款提前拨给了他，手袋的生意也获得了巨大成功。杰瑞由此总结出一条经验：当发现自己掉进工作陷阱时，考虑最终如何爬出来远比追究怎样掉进去重要得多。

用自我批评来化解别人的批评

当你不小心犯了某种大的错误，最好的办法是坦率地承认和检讨，并尽可能快地对事情进行补救。只要处理得当，你就可以立于不败之地。正如卡耐基所说："若能抬起头承认自己的错误，那么错误也能有益于你。因为承认一桩错误，不仅能增加四周人们对你的尊敬，而且能增加你的自信。"

费丁南·华伦，一位著名的商业艺术家，曾因主动承认自己的错误，最终赢得一位脾气暴躁、易怒的艺术品主顾的好感。

绘制商业广告和出版物最重要的是认真、仔细。一些艺术编辑迫切希望自己接受的任务能立刻完成，这就会因为时间紧张导致一些小错误的出现，华伦对此深有体会。

华伦有一位喜欢从鸡蛋里挑骨头的艺术组长，每次华伦都是带着一脸沮丧离开他的办公室，倒不是因为他的批评，而是因为他批评华伦的方法让人很难接受。

前几天，艺术组长打电话给华伦，让华伦立刻到他办公室来一趟，他说华伦交的那篇稿件有问题。

华伦走进办公室，感觉艺术组长正满怀敌意地盯着自己，他似乎很高兴有机会挑剔华伦的错误。面对艺术组长恶意的责备，华伦并没有解释，却诚恳地说："先生，如果你的话是对的，那我的失误一定不可原谅，我为你画了这么多年稿，应该知道怎么画才对。我觉得惭愧极了。"

"呃，是的，你说得没错，不过毕竟这算不上一个严重的错误。只是……"艺术组长竟然为华伦辩护，这真是不可思议。

华伦打断他的话，接着说道："不管什么错误，代价可能都很大，都叫人不舒服。"

艺术组长试图插话，但华伦不给他机会，继续说道："我本应该更小心一点儿才对。你给我的工作很多，不管怎样都应该让你满意才对，因此我打算重新做。"

"不！不用！"艺术组长立即反对起来，"我不想你那样麻烦。"接着，他便赞扬起华伦的作品，并告诉他只需要稍微修改一下就可以，又说："一点儿小错误并不会花公司多少钱。毕竟，这只是小细节——不值得担心……"

华伦的自我批评让艺术组长的怒气全消。随后，他还邀华伦同进午餐，并且给了华伦一张支票，又交代了另一件工作。

当由于自己的过错而给别人造成了损失时，应当首先承认，接受批评并致以诚心的歉意。主动认错是化解批评、在工作中争取主动的良方。

> **做人哲学**
>
> 有时主动示弱，不仅会避开不必要的麻烦，还能赢得他人的尊敬。

难得糊涂是大智慧

"难得糊涂"是一种智慧。在纷繁变幻的世界中，要能看透事物，能知人间风云变幻，处事轻重缓急，举重若轻，四两拨千斤。所以"糊涂一下"，既让别人高兴了，自己也没有失去什么，相反，还引起别人的注意，为自己赢得更多机会。

糊涂片刻，问题解决

愚笨的人在人际交往中，会处处努力表现自己的"聪明"；聪明的人在人际交往中，把"糊涂一点儿"作为特定情况下的交际武器，去解决一些棘手的难题。

一位妇人对林肯说："总统先生，你必须给我一张授衔令，委任我儿子为上校。我提出这一要求，并不是在求你开恩，而是我有权利这样做。因为我祖父在克莱星敦打过仗，我叔叔是布拉斯堡战役中唯一没有逃跑的士兵，我父亲在新奥尔良打过仗，我丈夫战死在蒙特雷。"

这些话确实让人难以拒绝，但聪明的林肯听后幽默地说："夫人，我想你们一家为报效国家已做得够多了，现在是把这样的机会给予别人的时候了。"

原来，这位妇人希望林肯看在其家人为国家做出如此大的贡献的份儿上，为其儿子授衔。林肯不是不明白她的意思，而是故装糊涂、曲解本意，婉言拒绝了她的要求。这样，既坚持了原则，又保护了妇人的自尊。

所谓"糊涂一点儿"，就是对人要擅见其长，不拘泥小节；对事能总揽全局，不舍本逐末；在处理大是大非的问题上能够坚持原则，分清是非，顾全大局，恪守道义，避恶从善；在无关紧要的小事上则不做过多计较，不寸利必争，不小题大做，要顺其自然。每一个人都要把握好"糊涂"的分寸，否则便是真正的糊涂。事情有大小之分，处理的方法也应该因事制宜，不可事无巨细，使用同一个"药方"。如果能将"糊涂一点儿"这个明智的处世策略学到家，就可以称得上是个特别聪明的人了。

懂装不懂，打对手措手不及

大智若愚，可以将有为示无为，聪明装糊涂，用糊涂来迷惑对方耳目。本来糊涂反装聪明，这样就会弄巧成拙。

作为买方，日本航空公司派了三名代表与美国一家飞机制造公司谈判。为此，美国公司挑选了最精明能干的高级职员组成谈判小组。谈判伊始，美方展开了产品宣传攻势，显然他们的准备很充分：在谈判室里挂满了产品图像；印刷了宣传资料和图片；用了三台幻灯放映机，在两个半小时中，放映了好莱坞式的公司介绍。他们这样做无非是要展示自己的实力。然而，在整个放映过程中，日方代表只是一言不发，静静地坐着，全神贯注地观看。

放映结束后，美方高级主管得意地站起来，转身向三位显得有些迟钝和麻木的日方代表说："请问，诸位有何看法？"不料一位日方代表说："我们还不懂。"显然，这句话伤害了美方代表："这么详细地介绍，你们还说不懂，这是什么意思？你们哪一点还不懂？"接着，另一位日方代表彬彬有礼、微笑着回答："我们全部不懂。"美国的高级主管又压了压火气，再问对方："你们从什么时候开始不懂的？"这时，第三位代表严肃认真地回答："从关掉电灯、开始放幻灯简报的时候起，我们就不懂了。"这时，美国公司的主管感到一种挫败感。但为了商业利益，他只得又重新放了一次幻灯片，这次速度比前一次慢很多。之后，他强压怒气，问日方代表："怎么样？这次该看明白了吧？"然而，日方代表端坐在位子上，仍摇摇头。美国的高级主管顿时泄了气，心灰意冷地斜靠在墙边，松开他价值不菲的领带，对日方代表说："那么，那么……那么你们希望我们做些什么呢？既然我们所做的一切你们都不懂。"此时，一位日方代表慢条斯理地将他们的条件说了出来。美国高级主管稀里糊涂地答应着。结果,日本航空公司大获全胜,连他们也深感意外。

日方代表沉住气、装糊涂,不表明态度,等待时机,最后再把自己的要求慢慢说出来,让对方措手不及,无招架之力。

做人哲学

洞察隐秘,佯装不知,表面上看似没有,实则是"满"的境界。

别人拼命外显，你韬光养晦

·低调做人的艺术·

不要过早
暴露目标和亮出底牌

不过早暴露自己的目标和能力，是一种韬光养晦的大智慧。有位社会经验极其丰富的思想家说："看透别人就能主宰别人，被别人看透则会被别人主宰，胜利能因此易手。善于识破他人，可以号令全局；善于隐藏自己，就不必担心会落入圈套。"须知：适时的隐瞒是走向成功的诀窍。

保持沉默：别让人一下子猜透心思

在商务活动中，不要过早暴露自己的心思和想法，否则，会让自己陷入被动。而保持沉默，就是不让别人猜透你心思的好方法。

一家公司打算购买一台旧印刷机，他们找到了这个印刷业主。有生意做，这位印刷业主自然十分高兴。经过仔细核算，他决定以250万美元的价格出售这台印刷机，并想好了要这一价钱的理由。

要坐下来谈判了，他很镇定，并不急于讨价还价，因为在他内心深处仿佛一直有个声音在说："沉住气。"终于，买主按捺不住了，开始滔滔不绝地对机器发表自己的评价。

此时，这位印刷业主依然一言不发。就在这时，买主又说话了："我们可以付您350万美元，一个子儿也不会多给了。"

就这样不费吹灰之力，买卖成交了。

在日常交往中，沉默往往会给你带来益处。在某些场合，沉默不语可以避免失言。许多人在缺乏自信或极力表现得礼貌时，可能会不假思索地说出不恰当的话，给自己带来麻烦。

正确的交流由两个方面构成：既被人关注，又关注别人。安静、专心地倾听会产生强大的魔力，使谈话者更加心平气和、呼吸舒畅，连面部和肩部都放松下来；而谈话者会对听众表现得更加温和。

适时地保持沉默不仅是一个良计，而且也有实际的好处。你必须认识到沉默与精心选择的言辞具有同样的表现力，就好像音乐中休止符与音符一样重要。沉默会产生更完美的和谐，更强烈的效果。

适时保持沉默，是一种避免过早暴露自己的有效方法。

学会曲线达到目的

在日常交际中，一般来说，直言快语虽然代表一个人的真诚，但有时候，效果并不佳，轻者损害人际关系的和谐，重者造成麻烦，违背言语交际的初衷。有智慧的人则会有意绕开中心话题和基本意图，采用外围战术，从相关的事物、道理谈起，从而收到理想的交际效果。

一天，丈夫早早回家做了一锅红枣粥。妻子下班回到家，边喝边问："这枣可真甜，哪里买的？"丈夫说是乡下的姑妈托人捎来的。妻子感慨地说："姑妈想得真周到，年年都捎枣来！"丈夫说："那还用说，我从小失去父母，是姑妈把我抚养大的嘛！姑妈把我看得比亲生儿子还重要呢！"妻子叹口气说："她老人家这一生也真够辛苦的。"这时，丈夫也叹了口气，说："听捎枣的人说，姑妈的老胃病又犯了。我想——""那就把姑妈接来吧，到医院好好治治，这可不能耽误了。"不等丈夫把话说完，妻子就说出了丈夫想说还未说出的话。

还有一位母亲，谈到自己儿子的一件事。原来这个儿子想让母亲为自己买一条牛仔裤，但是，又怕遭到母亲的拒绝，因为他已经有一条牛仔裤了，而母亲也不可能满足他的所有要求。于是儿子采取了一种独特的方式，他没有像其他孩子那样苦苦哀求、撒泼耍赖，而是一本正经地对母亲说："妈妈，你见过只有一条牛仔裤的孩子吗？"

这句天真又略带计谋的问话，一下子打动了母亲。这位母亲谈到这件事时，说出了自己的感受："儿子的话让我觉得若不答应他的要求，简直有点儿对不起他。哪怕在自己身上少花点儿钱，也不能委屈了孩子啊。"

一个孩子用一句话就说服了母亲，达到了自己的目的。而他在说这话时，并没有刻意想该用什么样的方法，他唯一的目的就是打动母亲。

而事实上，他恰好从母子道义上打动了母亲，让母亲觉得他的要求合情合理。

这种事例在日常生活中还有很多，也许当事人自己都没有感觉到有什么特殊之处，但又确实是凭着几句绕了个小弯的话达到了办事的目的。

"兜圈子"有时能产生一种含蓄委婉的言语效果，但含蓄委婉的话却并非全是兜圈子。"兜圈子"也不是猜谜语、说隐语，它是曲径通幽，最终要让对方理解自己的意思；如果兜来兜去，把对方引入迷魂阵，就不好了。再者，"兜圈子"这种说话艺术一定要慎用，用得不好，则会给人啰唆、虚伪之嫌。

做人哲学

看透别人就能主宰别人，被别人看透则会被别人主宰，胜利会因此易手。

做人不易太张扬，
韬光养晦是良策

做人不要太张扬。工作生活中，有些人总是锋芒太露，三分才干弄得像十分，结果弄得头破血流，还不知道原因出在哪里；而有些人却非常谦虚，十分才干只显露三分，最终这类人获得了成功。其实，韬光养晦是一种做人的策略。

不要自作聪明

一个日本商人请一位犹太画家吃饭。等菜之时，画家取出画笔和纸张，为坐在桌边的女主人画起了素描像。

不一会儿，画家就画好了，递给日本商人看。日本商人连声称赞道："画得真是太像了，实在是太棒了。"听到朋友的赞叹，犹太画家便侧转过身，面向他，又在纸上勾画起来，还不时向他伸出左手，竖起大拇指。一般情况下，画家都会用这种简易的方法估计描画对象各部分的比例。

日本商人看见画家这副架势，知道这回是给他画素描了。虽然看不见画家画得如何，但还是摆好了姿势让画家画。日本商人就这样一动不动地坐了大约10分钟。

终于画完了,画家站起来伸伸腰。这时,日本人才松了一口气,迫不及待地凑过去一看,不禁大吃一惊:画家画的根本不是日本商人而是他自己左手的大拇指!

日本商人觉得很尴尬,羞恼地说:"我特意摆好姿势,你却捉弄我。"犹太画家不紧不慢地笑着说:"我听说你做生意很精明,所以才故意考察一下你。你也不问别人画什么,就以为是在画自己,还摆好了姿势。从这一点来看,你同犹太人相比,还差得远啦。"

此时,日本商人如梦初醒,才明白过来自己错在什么地方:因为画家第一次画了女主人,而第二次又面对着自己,所以他自然而然地就以为画家是在画自己了。

世界上的任何事情都是在不停变化的,如果你以为"今天"和"昨天"一样,以为一切都在掌控之中,那就是自作聪明了。自作聪明只会带来一个后果,那就是让你聪明反被聪明误。

不要锋芒毕露

暴露真实的实力往往得不偿失。你应该学会在适当的时候隐藏自己,而不是锋芒毕露。一旦人们在不经意间发现了事实——实际上你比表现出来的聪明得多，他们会更加佩服你，毕竟很少人能谨慎到不去炫耀自己的聪明才智。

一位年轻律师参加一桩重要案子的辩论。在辩论中，最高法院的法官向年轻的律师提问："海事法追诉期限是六年，对吗？"律师先是一愣，然后坦率地说："很抱歉庭长，海事法应该是没有追诉期限的。"法庭里立刻一片寂静。

这位年轻的律师犯了一个"比常人正确的错误"——在指出别人的错误时，没能使用更高明、更容易被人接受的方法。

在向别人指正错误时，不管你采取何种方式，都要竭力避免使用轻蔑的腔调、不耐烦的手势，哪怕一个不屑的眼神，都很可能给对方带来难堪和伤害，使对方产生抵触情绪。

当你否定了一个人的智慧和判断力，打击了他的荣耀和自尊心，或许还伤害到他的感情时，他当然不会改变自己的看法。这时，你即使说再多的话也于事无补了。此外，还切记不要说这样的话："等着吧！你会知道谁是谁非的。"其实这等于是说："我会使你改变看法的，我比你更聪明。"

大智若愚才是人生最高境界

"大智若愚"被普遍认为是做人最高的、最玄妙的境界，如果有谁能得到"大智若愚"的评价，那表明他可以在人生舞台上立足于不败之地了。

威廉·亨利·哈里森是美国的第九任总统。他出生在一个小镇上，小时候是个文静内向的孩子。人们都把他当成傻瓜，常常捉弄他。有一次，他们把一枚5分的硬币和一枚1角的硬币扔在他面前，让他任意选一个。威廉总是选择那个5分的硬币，于是大家都嘲笑他傻。

每天都有人来试探他，看他的笑话。有一天，一位好心人问他："你真的傻吗？难道你不知道1角比5分值钱吗？"

"这个我当然知道，"威廉慢悠悠地说，"只不过，如果我捡了那个1角的硬币，恐怕他们就再也没有兴趣扔钱给我了。"

才智很高而不露锋芒，可以使人对他加以轻视或忽视，从而减少外界的压力，使对方放松警惕，最终战胜对手。

做人哲学

韬光养晦是谦虚者的一种生存策略，而锋芒毕露却是骄傲者炫耀自己的一种方式。过于张扬的人常常因为无法接纳他人的意见，从而失去他人的支持。

学会忍耐，
谋定而后动

谋定而后动，才能避免骑虎难下之患。谋定而后动就需要在发生问题时沉着镇静，不急于立即采取行动，而是要静下心来冷静地分析当时的情形。如果情形不利，要先保全自己，然后等待合适时机到来。待时机成熟时，自然就可水到渠成、大获丰收了。

学会忍耐

做人凡坚忍者，必成大事。坚忍是一种明退暗进，更是一种蓄势待发。今天的坚忍是为了明天更大的成功。忍耐是一种磨砺，是一种意志力的体现，是人与环境、事物对抗的心理因素、物质因素的总和。今天短暂的忍耐是为了明天更大的成功。

忍耐是成功过程中必要的手段，也可以说在同等条件下，不是比谁的智力高而是看谁的忍耐力强。大人物成就伟业，小人物做一番事业，都需要忍耐。

忍耐是一种执着，忍耐是一种谋略，忍耐是一种意志，忍耐是一种修炼，忍耐是一种信心，忍耐是一种成熟人性的自我完善。

著名电影人王晶在谈到他的导演生涯时说:"生存就是不被淘汰,只有忍耐才能不被淘汰。"电影是高投入行业,生存压力要求片子不能赔钱。可是一个导演不可能每部片子都不赔。导演要看有没有好演员、好老板和好发行来配合,只有这样才能确保片子不赔。从来没有一个导演是靠一部片子就红一辈子,所以肯定会有高低起落。导演和运动员一样会遭遇低潮,每个导演的生涯中至少70%是处于低潮。只有忍耐、努力适应才不会被淘汰掉。特别是不能和潮流对着干,在低潮的时候甚至可以考虑暂时离开拍摄一线去搞副业。虚荣心每个人都有,但电影事业并没有想象的那么好。他说:"我第一次当编剧拿的工资才96港币,不是干了电影就荣华富贵,如果想荣华富贵就不要选择电影。"

其实,岂止是从事电影艺术的导演、编剧、演员等的人生会遭遇低潮、需要忍耐,其他行业、其他事业也是如此。没有低潮和忍耐,怎能有后来的一鸣惊人?

没有忍耐精神,是不能成就大事业的。所以,从某种角度来说,忍耐不失为一种技巧,一种行销策略,一种对自我的磨砺。因为我们懂得忍耐是为了更大的成功,我们向往忍耐之后的美丽阳光。拥有坚忍卓绝的意志,坚毅不屈的气度,才能使我们在这充满竞争的当今社会中,成为真正的强者。

以守为攻，谋定后动

古人言："知耻而后勇"，做到乃真大丈夫。欲勇而先谋，谋定而后动，这样才能取得有成效的进步。

天盛公司销售部新来了一名业务员孙萍，她活泼热情，能说会道，没过多久就为公司谈下了几笔大买卖。再加上她性格开朗，人又大方，公司上上下下都很喜欢她，开玩笑地叫她"小财神"，可这引起了一个人的不满——销售主管丁某。

丁某是老板的远亲，平时不苟言笑，没有什么业绩却喜欢教训人，销售部的人都不喜欢他。孙萍每次被训斥却只是轻松地笑一笑，跟没事人似的。

自从孙萍来了后，公司的销售业绩从平淡无奇一下子节节攀升。一年后，公司评选年度先进人物时，大家都认为孙萍当选无疑，没想到上台领奖的却是主管丁某。看着丁某在台上虚伪做作地说着致谢词，大家都为孙萍抱不平。孙萍看着台上的丁某，仍然只是轻松地笑了笑，什么话也没说。

这以后，丁某在销售部就更加放肆了，经常抢业务员的功劳不说，对孙萍的态度更是一日不如一日。大家都劝孙萍直接去跟老板反映，虽说不一定能压制住丁某，但至少可以打击打击他的嚣张气焰。可孙萍却什么也没说，反而工作得比以前更卖力了。

没想到，孙萍突然高薪跳槽到天盛公司的对手公司——安维公司做了销售主管，还带走了天盛公司绝大部分的客户。天盛公司突遭重创，陷入了危机之中。以前的同事们都百思不得其解：凭孙萍的业绩和能力，只要她向老总申请，在天盛公司得到一个主管职位是轻而易举的，为什么她几年来都没有争取，却突然跳槽到别的公司呢？

有些同事去问孙萍，孙萍回答说："以我这几年的成绩，向天盛公司要一个主管职位确实很容易。但是这几年来，丁某频繁抢夺我们的功劳，老板都没有说话，不管他知道还是不知道，这么不公平的事情存在了这么久，说明这家公司的用人制度是不公平的，还不如暂时忍下来，等到时机成熟，再争取我相应的待遇。再说了，有突出的业绩和工作能力，我走到哪里会不受欢迎呢？"同事们听了，不得不佩服孙萍的远见和忍耐力。

所以，要达到进攻的目的，必须会适当地后退。在这个适者生存、充满挑战的大环境下，知难而进，勇往直前是需要提倡的。但空有傲骨，一味蛮干往往适得其反。因为盲目进取得不偿失，势必欲进反退。而审时度势，耐心等待，积蓄力量，以退为进，则是聪明之举、韬晦之计。

做人哲学

以退为进是貌似软弱退缩,实则积蓄实力,加速进展,最终转败为胜。

别人争破头颅，你以退为进

·低调做人的艺术·

退一步，进两步

退一步即是"让"，退让与谦逊是实现各种目标的必要前提。现代人都注重铆足干劲，加大人生之战机的油门，勇往直前，却忽视了运用"退让"这种极具弹性的制胜技巧。

后退一步路更宽

一个人的水平要想提高一些并不难，难的是遇到困难、挫折或障碍时后退一步。其实有时候，退一步，比进一步更好，但是人们却很难适应这种后退。

海格力斯是古希腊神话中的大英雄。有一天，他在坎坷不平的山路上行走，发现路边有个袋子似的东西十分碍眼。他心中有些不快，就朝那东西踩了一脚。谁知，那东西不仅没有被踩破，反而比先前鼓得更大了。海格力斯一看就火了，于是死命地朝那袋子踩去。没想到袋子越踩越大。海格力斯恼羞成怒，操起一根木棒就砸向袋子。袋子竟然像吹气一样迅速膨胀，一会儿就把路堵死了。

这时，智慧女神雅典娜出现了。她马上阻止海格力斯的行为，说：

"快别动它了,我的朋友。它叫仇恨袋。你不犯它,它便小如当初;你侵犯它,它就会膨胀起来,挡住你的路,与你敌对到底。快忘了它,继续赶你的路吧!"

我们何尝不与海格力斯犯一样的错误呢?遇到矛盾,我们据理力争甚至火冒三丈,拼死拼活要争个面子,最后把事情弄到不可收拾的地步。

明白了退一步海阔天空这个道理,如果我们遇事给自己五分钟,冷静思考,一定可以拥有更开阔的心境,可以做出更加睿智的决策。让我们学会宽容,用爱来充满内心,善待怨恨。退一步,海阔天空;忍一时,风平浪静。

进退有度,张弛有道

中国有句话这么说:"进退有度,才不致进退维谷;宠辱皆忘,方可以宠辱不惊。"在当今变幻莫测的形势下,以退为进不仅是生活中的金科玉律,也是现代商战争霸中的重要谋略。

美国钢铁公司就曾运用以退为进的谋略反败为胜。

美国钢铁公司是1901年由三家钢铁企业合并而成的巨型企业。20世纪50年代,该公司是世界上最大的钢铁公司。到了20世纪60年代,日本钢铁公司略胜一筹,摘走了"世界第一"的桂冠。美国钢铁公司屈居第二。

大卫·罗德里克出任美国钢铁公司的董事长后，为了摆脱困境，重现当年的辉煌，他采取了以退为进的改革措施。首先缩小公司的规模，然后再谋求新的发展。罗德里克在任期间，公司一共关闭了近150所工厂，减少了30%的炼钢生产能力，淘汰了54%的职员，裁减了10万工人。同时，为了获得更多的活动资金，罗德里克出售了公司的大片林地、水泥厂、煤矿和建筑材料供应厂等资产，筹措了将近20亿美元。随后，罗德里克与公司有关人员一起研究了美国几家大型企业后，决定以50亿美元收购一家石油公司。罗德里克这么做有两个目的：一是扩大公司的业务范围；二是为公司拓展新的发展道路，以防不测。

后来，在西方钢铁业最不景气的时候，美国钢铁公司不仅没有像其他钢铁公司一样破产倒闭，反而由于及早地开辟了石油业务，有了进一步的发展。公司一个季度的营业额就达45亿美元，仅石油及天然气的营业额就有25亿美元。美国钢铁公司又重现了当年的辉煌。

同理，说话办事，也一定要做到进退有度、张弛有度、随机应变、随需而动，有效适时地调整自己，及时准确地把握事态，随心所欲地完成所要完成之事。以退为进的做事方法值得我们每个人好好学习。

> **做人哲学**
>
> 　　退让是一种品行,也是一种睿智。学会退让,就是学会反省和理解,学会欣赏和超越。

切勿居功自傲

　　如果你立了大功,那也不必故意向别人炫耀,人家心里都很清楚。如果你能不居功,多拉几个人来分享你的功劳,那么别人也会感激你。但如果你自恃有功,就摆出一副不可一世的样子,就会让人疏远你。所以,千万不要养成炫耀功劳的习惯。

不要独享荣耀

　　当荣誉到来时,你首先要感谢同仁的协助,不要认为这都是你自己的功劳。没有哪份荣誉可以仅凭一个人的力量就能获得。没有大家的通力合作,齐心协力是办不成事情的。

　　小李是一家公司的业务主管。年底开会的时候,因为业绩比较突出,老板特意在表彰会上表扬了他。除了颁发奖金外,老板还额外地发了他一个红包，并让他当众发言。

小李心中自然十分高兴，自己辛苦的付出总算有了回报。于是在发言时，他滔滔不绝地说自己如何兢兢业业、如何积累知识、如何提高能力等等，可就是没有提到一句感谢上司对自己的信任和提拔，也没有感谢同事和下属对他的帮助和支持。大会结束后，小李拿着奖金和红包喜滋滋地回家了，根本没想过要邀请同事们庆祝一下。

大家表面上虽然没有说什么，但心里总觉得小李这个人有点忘恩负义。在以后的工作中，上司开始忽视他，同事们也疏远了他，下属们则变得有些懒散，不仅不服从指示，还常常顶撞他。过了没多久，因为人缘太差，小李不得不辞职了。

每个人都希望自己与荣誉和成功联系在一起，但是，如果你无视别人，就很难立足。因此，不要嫌别人度量狭小，造成这种局面的根源还是在于你自己。在享受荣耀的同时，不要忽略别人的感受。

不要让今时功劳，阻碍他日成就

某厂的研发部门成功研究出一种新技术，可以极大地提高生产效率。厂长专门为研发部举办了庆功会，该项技术的主要研究员姜某，也受到厂领导的表扬，因为他在整个研发小组里起到了核心作用。

会后，有人就跟研发组组长说："姜某太不像话了吧！发言时，竟然一句都没提到您，总是我、我、我的，好像功劳都是他一个人的！这算什么？没有您的指挥和我们组员的配合，这新技术能成功吗？"组长笑着说："别这样！姜某的功劳确实很大，人家那么说也是有理由的！谁让咱们没能耐呢？有本事的话不就也能上台夸自己了吗？"

姜某的朋友在散会后劝姜某说："怎么搞的？你也有点太居功了吧！你应该多提你们领导和同事，我在台下听着你好像把功劳都说成你一个人的了！你这样要出问题的。"姜某对朋友的劝说嗤之以鼻："本来功劳就是我最大，论功行赏，难道你还要让我把功劳让给别人呀！他们做什么了，不就是打打下手吗？我当然要多提自己刻苦攻关的事儿！"朋友看着一脸得意的姜某叹了口气。

不久后，姜某就觉得组员对他的态度出了问题，以往需要什么配合，他们都会主动去做，但现在却要他三催四请，对方不但不配合，还常常说："哟，大英雄来了！我这无名小卒能帮上什么忙啊！"总是这样，姜某也受不了了，他怒气冲冲地去找组长，说："组员们都不愿配合我工作！"组长却说："不能吧？你可是咱们组的明星人物，他们怎么敢得罪你？"姜某很快沉寂了，他再也没开发出什么新技术来。

我们千万不要养成居功的习惯，在功劳面前要谦虚、要避让，这样别人才会对你欣赏有加。

> **做人哲学**
>
> 如果你独享成功，就是在拿别人不当回事；而你的感谢、分享、谦卑，却可以换来他人的尊重。

将眼光放长远，不要只盯眼前利益

不同的人有不同的眼光，有些人比较急功近利，往往只顾眼前利益。这种人目光短浅，虽然会暂时表现得相当出色，却缺少一种对未来的把握和规划能力。相反，有些人高瞻远瞩、目光远大，知道自己努力的方向，并持之以恒地去做。那么，他们就不会为了眼前的蝇头小利与人打得头破血流，成功也肯定是属于他们的。

看到更长远的利益

人生的道路，其实就是不断进行各种选择的过程，有人选择物质，有人选择精神；有人临渊羡鱼，有人退而结网；有人寅吃卯粮，及时行乐，也有人选择零存整取，以日积月累的耕耘，去收获最后果实累累的金秋。不要只看到眼前的利益，也许后面还有更丰厚的果实。

有三个年轻人都想发财，于是一同结伴外出寻找机会。

他们来到一个偏僻的山镇，发现这里种植着大量品质优良的苹果，但是由于交通不发达，信息闭塞，所以苹果的销量十分有限，而且几乎都在当地销售，售价十分便宜。

第一个年轻人兴奋极了，马上掏出所有的钱，买了十吨最好的苹果。运回家乡后，高价售出。就这样，买卖了几次后，他成了家乡第一个万元户。

第二个人也很高兴，他脑子一转，决定用一半的钱购买一百棵最好的苹果苗。把这些苹果苗运回家乡后，他就开始忙碌了。他承包了一片山坡，种上所有的苹果苗，然后悉心照看。三年后，苹果丰收了。

第三个年轻人，看到满山的苹果树，并没有急于掏钱，而是在当地逗留了一晚。他在苹果树下仔细研究、分析，然后找到果园的主人，用手指着果树的下面："我想买这里的泥土。"

主人一愣，当即缓过神来，连忙摇头说："不卖，不卖。泥土卖了，苹果就没法种了！"

年轻人在地上捧起一把泥土，恳求说："我只要这一把，你就卖给我吧！"

主人看着他执着的样子笑了，说："你给一块钱就拿走吧！"

年轻人高兴极了，他马上带着泥土返回了家乡。他把泥土送到农业科技研究所，化验分析出泥土的各种成分、湿度等。然后，他用非常低廉的价钱承包了一片荒山，花了整整三年，认真地开垦、培育出与那把泥土一样的土壤。最后，他在山上种上了苹果树苗。

一晃十年过去了，这三位一同外出寻找发财机会的年轻人也有了迥然不同的命运。

第一位买苹果的年轻人每年往返于山镇和家乡之间，买卖苹果。前几年他赚到了不少钱。可是后来贩卖苹果的人越来越多，山镇的交通和信息也发达起来了，所以年轻人赚的钱越来越少，最后甚至到了赔钱的地步。

第二位买树苗的年轻人经过努力，总算有了自己的果园。但是由于土壤不同，他种出来的苹果并没有什么特色，卖不到很高的价钱。尽管如此，果园也为他带来了可观的收入。

第三位买泥土的年轻人，在努力了几年后，曾经的荒山结满了品质优良的苹果，和那个偏僻的山镇上的苹果没什么两样。每年来他这里买苹果的人络绎不绝，而且利润十分可观。

很多时候，我们发现眼前的利益就是最大和最好的，而等到我们把事情做完才发现不是那么回事。而如果用同等的机会，把目光放得更远一些，才能收获更大的成功。

走一步，看三步

"人无远虑，必有近忧。"做事情要走一步，看三步。如果只顾眼前，不考虑长远，那么必然会遭遇失败、陷入被动。

蒋某想开一间饭店，却没有本钱。妻子的意见是蒋某最好先去别人的饭店打工，一边挣些钱，一边学点儿经验，但蒋某却不同意："眼下饭店那么赚钱，先给别人打工，自己开饭店得等到什么时候啊！船到桥头自然直，还是借钱先把店开起来再说，还钱啊什么的以后再考虑！"就这样蒋某从朋友和亲戚手里借了八九万元钱，将饭店开了起来。

一段时间后，一个朋友家里出了事，就来找蒋某要当初借他的三万元钱。蒋某这下子可着了急，向银行贷款是不用想了，唯一的办法就是托人借"高息贷款"。妻子劝他多想想，他却说："先借来还给朋友，这三万块钱慢慢再还吧！"饭店开张两个月了，可客人却稀稀落落，挣来的钱勉强够维持日常支出，这样下去可不是办法。蒋某又有了一个新想法：允许赊账，他认为这样做一定会招徕顾客。朋友们纷纷劝他一定要慎重，因为赊欠就像一个雪球，总是越滚越大，它可能会解决眼前客人少的问题，但时间长了，它也会给经营带来困难。然而蒋某依然没有听从大家的劝告。允许赊账后，店里的生意果然火了起来，街坊邻居都来凑热闹。可是好景不长，两个月后蒋某就支撑不住了，店里连买菜的钱都不够，他开始收账，但那些常客翻脸像翻书一样快，再也不登门了。就这样，开店四个月后，蒋某低价把饭店转让了出去，他没挣到一分钱，却欠了很多债，惹了不少麻烦。

蒋某的失败就是由于对问题的考虑不够长远、不懂得放弃造成的。我们常把只看眼前不顾以后的做法称为短视。一个短视的人很难正确处理生活中遇到的各种问题，而且也很难有什么成就。

在面临抉择的时候，一定要审时度势、冷静思考，分析的关键不是现在而是未来。同时关键时刻要懂得放弃，能取能舍，才能事半功倍地达到目的。

做人哲学

在人生的道路上，要向长远看，而不能只盯着眼前的蝇头小利；要明确自己的奋斗目标，轻装前进，为实现远大的目标而奋斗。

别人放不下,
你能屈能伸

· 低调做人的艺术 ·

能大能小是条龙，
只大不小是只虫

尼采曾说："一棵树要长得更高，接受更多的光明，那么它的根必须深入到黑暗之中。"人生的发展过程好比树的生长过程，一个人如果渴求成功，需要把希望放在高处，行动放在低处，而不是好高骛远，眼高手低。能大能小、张缩自如，是成大事者必备的一种素质。

高标准修身，低姿态入世

你经常听流行歌曲，会发现很少有歌曲是以高音起奏的，几乎每一首歌曲的过门都是舒缓的低音。只有用低音切入，才会带来歌曲的跌宕起伏、荡气回肠。这说明一个道理：做事情最好以低姿态进入，循序渐进，这样才能打好基础，蓄足势头，把事做好。

一位留美计算机博士学成后在美国找工作。他有博士文凭，对工作和薪水的要求自然比较高。但是，在求职的几个月时间里，他却连连碰壁，没有一家公司愿意录用他。他想了想，决定收起自己所有的学位证明，用"最低身份"去求职。不久后，一家公司就录用他为程序输入员。

这个工作对他来说简直易如反掌。但他没有一点儿倦怠之心，仍然十分认真地做事。后来，老板发现他不仅工作态度十分端正，而且能看出程序中的错误，这远远不是一般的程序员可比的。于是老板找他单独谈话，他这才亮出了学士证书。老板马上给他调换了一份相称的职位。

又过了一段时间，老板发现他经常能提出一些独到且十分有价值的建议，这也不是一般的大学生能做到的。于是老板又询问了他，他这才拿出了自己的硕士证书。老板当即又给他升职加薪。

没过多久，老板还是觉得他跟别人不一样，凡事大家都喜欢去征求他的意见。再加上他前两次的内敛，老板觉得他还有话没说完，于是对他进行了"质询"。这时，他拿出了博士证书。老板吃了一惊，但对他的能力早已有了全面的认识，于是毫不犹豫地重用了他。

这位博士最后的职位，也就是他最初理想的目标。直线进取失败了，后退一步曲线再进，终于如愿以偿。

亚里士多德说："目标的高标准与自身的低姿态和谐统一是造就厚重与辉煌人生的必备条件。"人的一生要经历千门万坎，千曲百折，所面临的事情不见得件件适合我们的身心，不会件件量身定做。这就需要不断调整我们的姿态、心态，否则就可能碰壁。学会低姿态，该低时就低，绝非懦弱和畏缩，而是人生大智慧，是修身、立身、入世、处世不可缺少的修养和风度。

别被光环照得不知所以

俗话说，人贵有自知之明。如果一个人能充分了解自己，知道自己的长处与缺点，做事知道发挥自己的长处，量力而行，知道名气远没有实力重要，那么他极有可能成功。否则，只能一事无成。

2003年，在社会上爆出了一个大新闻：一名北京大学的毕业生卖猪肉为生！这个消息一下子掀起了轩然大波，引起了人们有关人才浪费等等的热烈讨论。而这个故事的主角就是陆步轩。

十几年前，陆步轩从北京大学本科毕业之后，曾经尝试过多种职业，可是最终阴差阳错，竟然只能操着割肉刀在西安一个小铺子卖肉。这样的生活一直持续到2003年7月。这一年，一个记者发现了这件事情，并通过媒体让这个消息传遍了全国。陆步轩曾是高考文科状元，是北京大学的高才生，怎么能够卖猪肉呢？这一下子成为全国轰动性新闻。

随着新闻的传播，陆步轩一下子也成了全国闻名的人物。各种访谈、邀请接踵而至，一百多家企业纷纷发出邀请函，甚至还有大学邀请他去任教。

陆步轩认真过滤了一番，发现一百多家单位中有许多是外地的，其中不少是规模很小的民营企业。其实，许多单位并没有真正要他的意思，只是想借机炒作一番，捧红自己而已。真正想要他的不过区区三五家。而西安一所大学的人事处长曾专门前来邀请他到这所大学任教，后来才知道这不过是处长自己的初步想法，还没有向学校汇报呢！

怎么办？新闻的轰动效应很快就要结束，到时候自己将会和很多新闻人物一样，成为明日黄花，可能再也不会引起人们的注意。如果不抓住这个千载难逢的机会，或许自己一辈子都只能是一个卖肉的小贩了。

这时候，陆步轩突然接到了北大校友、美国特思公司副总经理孙毓光先生的电话，表示愿与他商谈合作事宜：根据特思公司设计，邀请一位著名的漫画家为陆步轩造像，并用这个像去注册商标，让陆步轩继续卖肉。陆步轩觉得这个办法可行，于是当机立断，答应了合作。很快，陆步轩的公司正式开了起来，他开始按部就班地做起了生意，变成了一个地地道道的商人。仅半年的时间，他的肉店就已经有了五家分店。

自信与自知，好比是战略与战术的关系，在做事的时候要相信自己一定会成功。但在操作过程中要小心谨慎，不要把自己看得过高了。

人应该相信自己是最好的，但自信的同时也应该要有自知之明，要客观、准确、冷静地分析自己的长处与短处，不要被头上的光环弄花了眼睛。

在平凡的岗位上做出"彩"来

许多年前，野田圣子——一个正当妙龄的少女，来到东京帝国酒店当服务员。这是她的第一份工作，她很激动，暗下决心：一定要好好干！可她想不到的是，上司仅仅安排她洗厕所！

面对这份别人不愿意干的差事，她也曾沮丧失望，甚至萌发过退却的念头。但经过一番思想斗争，她坚定了自己的信念："就算一生洗厕所，也要做一名洗厕所洗得最出色的人！"在一位老前辈的帮助下，她给自己制订了极为严格的工作要求：一遍遍地洗马桶，直到洗得光洁如新。从此，她成为一个全新的人，工作质量也达到了非常高的水平。就是凭着这种"在平凡的岗位上做出彩"的精神，野田圣子从洗厕所开始，很漂亮地迈出了人生第一步，逐步踏上成功之路。后来，她成为日本政府的邮政大臣。

有些人瞧不起低微的事情，总想做大事。做大事是可以的，比如，当总经理、从政做官、做科学家、理论家等。即使真有那份才能，也要有机遇。即使做大事，也常常离不开靠技艺做小事打基础。这个基础，包括锻炼你的实践能力、你的意志，包括对基层实际的体察。

一个残疾青年，学会了电脑打字，便办起了小小打字社，交活儿及时，质量又高，连一些著名作家也慕名而来让他打文稿；几个下岗大嫂，都是做饭行家，一合计，总不能老靠一点儿救济金度日，于是办起了"嫂子饺子馆"，卖的饺子薄皮大馅儿，服务又热情，生意很快就兴隆起来；一位初中毕业生，做人做事灵活多变，又能言善道，做起销售来游刃有余，月月超额完成任务，最后自己创业，开公司做了老板……这些都是在平凡的岗位上做出彩的表现。

现在的社会竞争激烈，没有真本领，很难在世上立足。不要小瞧你身边平凡的事情，只要肯在平凡的事情上下功夫，在当今世界，同样大有可为，同样事业辉煌。

许多原被人视为"雕虫小技"的技艺，今天却有了巨大的商业和社会价值，有的甚至变成一种产业。这种情况应当被大家关注，在其中寻找成功的机遇。所以，你不要怕做平凡的事情，伟大的事业往往存在于平凡的事情当中。

做人哲学

做人做事，低头隐忍远比抬着高昂的头收获多得多。

人在屋檐下，一定要低头

会低头是一种谦逊的为人品格。一个人取得一点儿成绩，是该大肆宣扬还是寻找自己的不足？正如地里的麦穗，挺着笔直的腰杆、抬头看天的都是少产的；相反，在夕阳下害羞地低下头、随风摇摆的才是籽粒饱满的。有些人刚刚取得一点儿成绩，就目空一切，整天看着自己头上的光环，却忘了看好脚下的路。

学会低头，学会认输

卧薪尝胆是我们大家耳熟能详的故事。当初，越国被吴国打败，越王勾践放下身段，向吴国投降，甚至做了吴王的马夫，这才有了日后东山再起的机会。倘若当时他以一国之君的身份，宁死不辱，那么中国的历史上也就不会上演勾践灭吴的神话了。

这个故事到今天对我们仍然很有启迪，那就是在没有能力取得成功的时候，就要学会低头，学会认输。

张群是一位初学写作的文学青年，花了半年时间写了一篇小说。他信心十足地来到编辑部，没想到一个编辑看后直摇头，当着很多人的面说："你这写的是什么？连句子都不通，哪儿像小说……"说得他满脸通红，当时就想回敬一句："你仔细看了吗？"可是，他忍住了，反而以请教的口气说："我是第一次写小说，还希望老师给予指正。"

从编辑部回来他没有泄气，反而更加奋发，写成后又去找这个编辑。这一次编辑的态度也变了，提了一些修改意见。后来小说发表了，他和编辑还成了好朋友。

从交际的角度出发，把握好度，就能在交际场上游刃有余。年轻人应该在现实生活中试着学会低头，学会认输。其实这并不难，也不是不要尊严，而是要把握适当的度，保持最佳弹性空间。

在低人一等时，暗暗积蓄力量

一般人对司空见惯的事物往往不会怀疑，低调策略就是利用人们的这一错觉来暂时隐藏自己的力量，等待厚积薄发。这种低调策略是最常见的，也是用得最多的。如果学会隐忍而后动的低调人生哲学，在人生道路上你将会收获更大的成功。

麦当劳创始人克罗克小时候家境十分贫寒，他中学都没有念完就出来做工。后来，他被一家工厂招去做了一名推销员，生活有了较大的改善。在推销的过程中，他认识了许多朋友，了解到大量与经营管理有关的知识。这一切，为他后来自己创业打下了良好的基础。

克罗克想要创办一家自己的公司。他做了一系列的市场调查后发现，美国的餐饮业已满足不了正在变化的时代要求。美国人的生活节奏越来越快，希望有更方便、快捷的饮食供应。克罗克想要开一家自己的餐馆，首先要解决的就是资金问题。克罗克做推销员的时候，积攒了一点钱，但那点钱要想用来开餐馆远远不够。

经过几天的苦想后，克罗克决定先学习，再行动。他找到以前认识的开餐馆的麦克唐纳兄弟，希望他们能让他来做工，解决自己目前的困窘。

麦氏兄弟十分同情他，就答应了他的请求。

克罗克是推销员出身，深知老板的心理特点。为了尽早实现自己的目标，他向老板提出自己一边在店里做工，一边继续兼职做以前的推销员工作，并把推销收入的5%让利给老板。

为了获取老板的信任，克罗克非常努力地工作。他每天起早贪黑，任劳任怨，还为麦氏兄弟在餐馆经营上提出了一系列非常好的建议。比如他提出改善餐馆的营业环境，以吸引更多的顾客；提供配置份饭、轻便包装、送饭上门等一系列服务……

克罗克经过自己的努力，成了餐馆的主心骨。麦氏兄弟将经营权、决策权都交给了克罗克。六年后，克罗克感到自己独立的时机成熟了，他凭借这几年自己的信誉借到了一笔贷款，然后与麦氏兄弟谈判，希望买下餐馆。麦氏兄弟起初不答应，但经过一番利益分析后，最终答应以270万美元将餐馆转让给克罗克。

就这样，克罗克终于有了一家自己的餐馆。克罗克做了餐馆真正的主人后，立刻进行了一系列改革，很快就以崭新的面貌享誉全美国。二十年后，这家餐馆总资产已达42亿美元，成为国际十大知名餐馆之一。

在这个故事里，克罗克使出的就是低调战术。他首先通过自己的勤恳和敬业赢得了麦氏兄弟的信赖，成为他们依靠的主心骨。克罗克在向麦氏兄弟贡献良策的同时，也慢慢地抓牢了餐馆的经营权。最后的一场交易，克罗克彻底吃掉了麦克唐纳快餐馆，建立了自己的麦当劳帝国。

学会低头是一种踏实的人生态度。社会就像一个金字塔，塔尖很小。但人们总是仰望它，幻想平步青云，跻身到上层。于是有些人不择手段，或许得偿所愿，不料好景不长，一个筋斗翻身落地。还不如脚踏实地做人，兢兢业业做好本职工作，一分耕耘一分收获。

做人哲学

在人生的道路上，我们即使努力奋斗，仍然有可能失败。所以在现实生活中，要用平和的心态去学会低头，以利于自己重新振作，取得成功。

你可以在别人面前丢脸

当你遇到当众被嘲笑的尴尬情况，此时的你要能够正确理解，采取虚心的态度，不但不会丢面子，反而会改变他人的看法，给对方留下一个好印象。你不要怕丢脸，在面对这些尴尬的时候，运用一些技巧巧妙地回避过去。

不必在乎冷眼嘲讽

对于别人的冷嘲热讽，你大可不必理会。如果你以不卑不亢的态度从容面对冷嘲热讽，不仅能摆脱当前的困境，还能赢得人们的尊重。

林肯被公认为美国历史上最伟大的总统之一，但是在林肯当选总统的那一刻，整个参议院的议员都觉得非常尴尬。为什么呢？因为林肯的父亲是个鞋匠，而其他的参议员大部分出身望族，都是上流社会的人。林肯的出身让他们觉得十分不齿。

于是，林肯在参议院演说之前，有一个参议员决心要羞辱他。林肯刚走上演讲台，还没有开始说话，这名参议员就站起来说："林肯先生，在你开始演讲前，请你记住，你是一个鞋匠的儿子！"所有人都笑了起来，场面十分尴尬。林肯的竞争对手们在心里暗暗得意，为自己不能打败他却能羞辱他开怀不已。

等到大家的哄笑声结束后，林肯冷静地说："非常感谢你提醒我，这让我想起了我伟大的父亲！我一定会永远记住你的忠告，我永远是鞋匠的儿子！我知道我做总统永远无法像我父亲做鞋匠做得那么好。"参议院立刻安静下来，所有人都沉默了。林肯转过头对那个傲慢的参议员说："我记得我的父亲也曾为你的家人做过鞋子。如果你的鞋子不合脚，我可以为你修正。虽然我不是伟大的鞋匠，但我从小跟着父亲耳濡目染，很早就掌握了做鞋子的手艺。"

说完，林肯温和地扫视全场，态度谦恭地说："你们也一样，在座的所有的人，如果你的鞋子是我父亲做的，而它们如果需要修理或改善，请一定来找我。当然，我无法像他那么伟大，他的手艺是无人能比的。"接着，林肯流下了眼泪。参议院在一阵短暂的沉默后，爆发出了雷鸣般的掌声。

日常生活中有很多人、很多时候不爱吃看得见的小亏，反而吃了看不见的大亏，正所谓"抓了芝麻，漏了西瓜"。其实，如果想顺利解决这些小事情，办法只有一个，以"吃亏时不必太在乎"当自己做人的原则，凡事多谦让别人一些，自己吃点小亏，如此你将得到更多。

学会自我解嘲

自嘲是一种美德，嘲弄他人是缺德。一个善于自嘲的人，往往就是一个富有智慧和情趣的人，也是一个勇敢和坦诚的人，更是一个将自己上上下下里里外外看得很明白的人。

美国前总统罗斯福曾被盗贼盯上。在一次他外出后，回到家发现家里被洗劫了，大部分的财物都不见了踪影。罗斯福的朋友听说后，纷纷赶来安慰他，叫他不要放在心上。当然，其中也有一些假情假意的朋友是幸灾乐祸，成心来看罗斯福笑话的。对于这些，罗斯福没有表现出丝毫的不悦。他笑着对朋友们说："亲爱的朋友们，谢谢你们的关心。我现在很乐观，并没有为此不快。我感谢上帝：第一，贼偷去的是我的东西，而没有伤害我的生命；第二，贼只偷去了我的部分东西，而不是全部；第三，最重要的一点是做贼的是他，而不是我。"

按常理讲罗斯福应该谴责盗贼的不道德，可是这样也于事无补，但罗斯福庆幸的是别人做了一个不光彩角色。人生不如意之事十有八九。面对生活中凄风苦雨的侵袭，就应该有一颗感恩而知足的心。心理学家认为，懂得自嘲的人，不但活得快乐，而且自信，心胸开阔。

给自己铺就台阶

布莱尔和夫人都热衷投资，他们先后进行过五次置业。不过他们的投资行情并不被看好，除了一幢房子获利外，其他四幢房屋均不同时期地出现过巨额亏损。布莱尔夫妇因为购买房产，向银行申请了500万英镑以上的贷款，其总房款的95%都来自于抵押贷款。为了还贷，布莱尔首相每月要拿出二万英镑给银行。但他作为首相的税后月收入，却仅有0.96万至1.55万英镑。

布莱尔夫妇最为后悔的便是过早地出售了伦敦北区伊斯林顿的住房。这处住房在他们出售后突然价格大涨，他们足足少赚了近百万英镑。布莱尔首相看房价天天上涨，终于忍不住出手，在伦敦市中心买下了一幢价值365万英镑的豪宅。他当初的设想是将此豪宅租出去，用租金来偿还贷款。没想到那所房子不仅没升值，就连收到的租金也少得可怜。如果布莱尔首相将那套房子出售的话，将损失67.5万英镑。就这样，堂堂的英国首相不可避免地沦为"房奴"。

英国媒体很快就知道了这件事，面对记者的采访，布莱尔幽默地说："我应该感到幸运，我目前是英国的首相，而不是财政大臣。"

以亲民著称的布莱尔，在投资失败这件事情上不怕被公众嘲笑，正是他这种坦然的态度，赢得了民众的支持，从而赢得了第二次竞选首相的胜利。

在别人对你进行刁难、提出一些尖锐的问题时，你就要学会自己找台阶下。受到他人的攻击，要试着把看问题的角度变一下，不要光想着维护面子，要看到比面子更重要的东西，比如事业、工作、友谊等。要坚持把自尊放在实现目标的宗旨之下，让自尊服从交际的需要。这样，你对自尊才会更有自控力。即使受到刺激，也不会气急败坏，反而可以哈哈一笑，照样与对手周旋，以一种不办成事绝不罢休的姿态，成为交际的赢家。

做人哲学

能够接受自己在别人面前丢脸，是一种直面人生的大智大勇。只有具备这种胸襟的人，才能在面对人生的潮起潮落时，保持一种宠辱不惊的心态。

平静地对待
被别人冷落的日子

能够一帆风顺固然很好,但是被人冷落也是常有的事。只是有的人总能四两拨千斤,咬咬牙挺过去,让自己走出困境;有的人则一遇到困境,就像是遇到泰山压顶一样,喘不过气来。除了必要的隐忍退让外,更重要的是要认清你自己——认清你自身的价值,是金子迟早要发光的。

遭到冷落,你的价值依然存在

在一次演讲会上,一位著名的演说家手里举着一张二十美元的钞票,没说一句开场白,就对会议室里近二百名听众说:"谁想要这二十美元?"台下的人都举起了手。他接着说:"我想把这二十美元送给你们中的一位。但在这之前,我要这么做。"说完,他就把钞票用力地揉成了一团,然后问:"还有人想要吗?"仍有大部分人举起了手。

他把钞票扔在地上,用脚使劲地碾,然后把它捡起来。他举着这张又脏又皱的钞票问:"还有人要吗?"台下还是有人举起了手。

"朋友们,你们今天上了一堂非常有意义的课。钞票就是钞票,无论我怎么揉它、碾它，不管它变得多么脏、旧，它还是保有其本身的价值。在人生的道路上，我们也常常遇到挫折。当我们遭遇失败时，我们就开始自暴自弃，觉得自己一文不值。但实际上，无论发生过什么，或即将发生什么，在上帝的眼中，我们永远不会丧失价值。在他看来，不管是肮脏还是洁净，不管是零乱还是整齐，我们依然是无价之宝。"

不论遇到困难，还是遭到别人的冷落，甚至踩躏，你的价值依然存在。不要被眼前的困境蒙住了双眼而心灰意冷，鼓起勇气，相信被冷落的日子很快就会过去，你的才华终将被人发现。

在冷板凳上接受锻炼

陈平在广告公司做事。由于年轻气盛，在公司里被同事们误解为工作能力不强。陈平心里十分郁闷，却没有什么办法。有时候他真想辞职走人，但转念一想，如果辞职岂不是承认自己输了，不光一些莫名其妙的罪名洗不清，还会被同事们认为是无能的表现。再说这是一家在业内十分有名的广告公司，自己在这里还能学到不少东西。

于是他让自己留了下来。经过这样一番努力后，陈平的工作态度来了个180度大转弯，他开始变得务实而不好争辩，以兢兢业业的工作来填充自己的心灵，以实实在在的业绩击破了谎言。年终表彰会上，陈平以突出的业务获得了公司的表扬。最重要的是，这种在冷板凳上受锻炼的做法，使他受益终生。

有人一方面抱怨人生的路越走越窄，看不到成功的希望，另一方面又因循守旧，不思改变。其实，天生我材必有用，如果我们调整一下思路，改变一下心态，完全会出现柳暗花明又一村的无限风光。

任何时候都要保持自信

一些人之所以能够成就一番事业，就是因为他们拥有足够的自信，不怕别人的冷落，不怕别人的责难、嘲笑、讥讽，才走到了成功的彼岸。

用过梦码的人都知道，它是一套先进的汉字输入法，速度超过五笔输入法。但是，就是这样一套功能齐全的输入方法的发明人却是一名普通的石油工人——谢春华。当初，谢师傅工作在基层，条件艰苦。在接触电脑后，他觉得拼音输入速度太慢，于是就想发明一套更快、更好、更先进、简便易学的汉字输入法。他把自己的想法告诉所有认识他的人，人们都流露出不屑的神情，有人甚至讥讽他是痴人说梦。

然而，谢春华并没有因为受到冷落而丧失自信，他只是夜以继日、废寝忘食地钻研。他一次次把汉字的五种笔画排列组合，但也没有找出规律性的东西。但他没有气馁，又开始研究汉字的造型与结构。经过无数次的苦思冥想，在对数千个常用汉字深入研究后，他找出了几十个经常参与构成汉字的高频偏旁。为确定最终参与编码的偏旁，他自学了

VF，用计算机对这些偏旁进行优化，确定其在键盘上的排列位置，获得了三十个高频偏旁。最终，谢春华凭着执着的信念和顽强的自信，在短短的四年内就发明了梦码，并通过三项国家专利审批。

不要抱怨周遭的人对自己的冷落，只要我们有着顽强的自信，就绝对可以主宰自己的人生。因此，当你受到冷落时，千万别忘了给自己鼓掌，让自己始终保持自信。

> **做人哲学**
>
> 我们必须直面冷落、直面困境，因为生活本身就是一场搏斗，有些时刻你必须咬着牙挺过去。

别人趾高气扬,
你不显不炫

·低调做人的艺术·

有再大的功劳
也不要自夸

喜欢听好话,每个人都不例外。但是如果"好话"都是出自自己口中,很可能会让人觉得你是在"王婆卖瓜,自卖自夸"。如果通过别人的嘴说出"好话",效果会大不相同。

爱自夸的人惹人厌

自夸是做人的大忌,貌似聪明,实际却不然。如果你在人际交往中只会夸夸其谈,不懂得谦虚务实,很可能你身边的人就会对你敬而远之。

有一次,小吴约了几个朋友来家里吃饭。这些朋友彼此间都很熟识,小吴把他们聚在一起,主要是想热闹热闹,让目前心情极端低落的小林暂时放下烦恼,轻松一些。

不久前,小林因经营不善,公司最终倒闭了。妻子也因为这些年太辛苦了,与他的感情最终走到了绝路,两个人正在闹离婚。内忧外患,小林痛苦极了。

一起吃饭的朋友都知道小林现在的状况,大家都很热情地招呼小林吃菜,拉着他谈一些政治和体育新闻,尽量避免提到他的事业和家庭。

可是小童因为目前谈成了一笔大生意，赚了很多钱，酒一下肚就忍不住大谈他的生意经，并不断地吹嘘他的成功，那种得意的神情让在场的每一位朋友看了都有些不舒服。整个席间，失意的小林低头不语，端着酒杯一杯一杯地喝着，最后还借故离开了。

小吴送小林出门，快到门口时小林愤愤地说："小童他有本事赚钱也用不着在我面前炫耀嘛！"

小吴没有说话，他非常了解小林现在的心情，因为他曾有过同样的经历。十年前，小吴正处在事业的低潮期，在母亲的生日宴席上，当时正风光的亲戚在小吴面前不断地炫耀自己的薪水是如何高，年终奖金是如何多，小吴当时的感受就如同小林一样，说有多难堪就有多难堪。

因此要提醒你，与人相处时，切记不要在失意者面前谈论你的得意。那样做不仅会破坏你的人际关系，更重要的是会让你"失道寡助"。

做人哲学

夸夸其谈的人只会让人觉得他骄傲自大，只有低调地面对功劳，才能得到别人真诚的赞誉。

成绩只是起点，
荣誉可以看作动力

如果沉迷于以往所取得的成就当中，将会失去对未来的判断能力，而产生骄傲自满的情绪。人生应该把已取得的成绩作为继续奋斗的新起点，以饱满的热情和充沛的精力，重新回到以零为基础的起跑线上，开始新一轮的拼搏！

满足是退步的根源

满足于已取得的成绩不仅会使人停滞不前，丧失进取心，而且还可能酿成悲剧。法捷耶夫29岁时就名震苏联文坛，并以《青年近卫军》一书，坐上了苏联作协主席的交椅。然而，在他后来的岁月里，他就忙着出访、开会、做报告去了，一生中再也没有写出一部作品。

杰克·伦敦也是一个典型，他写出了《马丁·伊登》后，声名鹊起，财源滚滚，不仅在美国加利福尼亚州建起了别墅，而且在大西洋海滨购置了豪华游艇。然而功成名就之后，他沉浸在享乐之中，不思进取，长期脱离创作，厌倦、空虚、落寞和无聊也接踵而至。1916年，他在自己的大别墅里开枪自杀，结束了自己的生命。

生活中，一些极富潜力的人满怀希望地出发，却在半路上停了下来，满足于现有的温饱和生存状态，然后庸庸碌碌地度过余生。对于一个满足现状的人来说，他没有任何更好的想法、更美的愿望，他不知道是不满足造就了人类伟大的精英。

只有当我们不满足于现状时，我们才会分享到进取心带来的无穷力量。

美国汽车大王福特曾说："一个人如果自以为已经有了许多成就而止步不前，那么他的失败就在眼前了。许多人一开始奋斗得十分起劲，但前途稍露光明后便自鸣得意起来，于是失败立刻接踵而来。"

石油大王洛克菲勒也说："当我的石油事业蒸蒸日上时，每晚睡觉前我总是拍拍自己的额头说：'别让自满的意念搅乱了自己的脑袋。'我觉得我的一生受这种自我教训所获的益处很多。因为经过这样的自省后，我那沾沾自喜、自鸣得意的情绪便可平静下来了。"

一个人是否伟大，可以从他对自己的成就所持的态度和评价中看出来。所以，累积你的成就，让自己更上一层楼吧！

逃离"舒适区"

当你在一个安逸的环境中沉湎得太久时，一切都已成定势，你只是照着生活的惯性在走路，心中已没有了追求事业成功的热切渴望，所有的东西都静如止水，进入接近真空的状态，曾经的棱角和锐气被磨平。这样的人是悲哀的，注定在事业上庸庸碌碌，一无所成。

迈克·英泰尔是一个普通的公司职员，每天上班下班，过着平淡而又普通的日子。在37岁那年，他决心摆脱这令人厌倦的生活，于是他放弃了薪水优厚的记者工作，把身上所有的钱都给了街边的流浪汉，然后带上一套干净的衣裤出发了。他决心从加州出发，横越整个美国，最后到达美国东岸北卡罗来纳州的"恐怖角"（Cape Fear）。而在整个冒险期间，他不花费一分钱，期间全靠陌生人的好心救助和帮忙。

他这么做的目的是为了体验一种全新的生活，借以征服生命中所有令他恐惧的东西。

从小时候起，他就害怕保姆、邮差、鸟、猫、蛇、蝙蝠、大海，他怕热闹又怕孤独，怕成功又怕失败，怕自己鼓不起勇气又怕一事无成。这个世界上几乎没有让他不害怕的东西。

这个懦弱的37岁男人终于鼓起生命中最大的勇气出发了，临行前却接到奶奶写给他的纸条："你一定会在路上死掉！"但是，最后他成功了！他赶了4000多里路，接受了78顿好心人给他的饭，遇见了82个好心人。

在路上，有不少人愿意为他提供金钱，但他都拒绝了。他不是鄙视金钱，而是想让自己更深刻地体会到这一路的艰辛。雷电交加的晚上，他不得不躺在潮湿的睡袋里；遇到歹徒和杀手类的人物，他虽然怕得要死，却不得不沉着应对。终于，他到达了恐怖角，收到了女友寄给他的提款卡。这一刻，他兴奋极了。他战胜了所有恐惧，他成功了！

其实，恐怖角并不如他想象的那般可怕。事实上，这儿只是一个普通而荒凉的地方。原来，16世纪有一位探险家曾到过这里，将这里起名为"Cape Faire"，后来却被人们错写为"Cape Fear"。所谓的恐怖角，原来只是一个误会。

迈克·英泰尔花了整整六个星期的时间，最后到达了一个与想象中完全不一样的地方，他得到了什么？

勇于改变自己，逃离舒适与安逸。不断挑战自己，人生才会不断进步。

时刻保持一颗学习心

现实生活中有许多人，尽管他们的资质很好，却一生平庸。原因是他们不求进步，在工作中唯一能看到的就是薪水。因此，他们前途黯淡，毫无希望。

无论薪水多么微薄，你如果能时时注意去读一些书籍、去获取一些有价值的知识，这必将对你的事业有很大的助益。一些商店里的学徒和公司里的小职员，尽管薪水微薄，但他们工作很刻苦，尤其可贵的是，他们能利用空闲的时候，如晚上和周末，到补习学校里去读书，或是自己买书来自修，以增加他们的知识。

有这样一个年轻人，他出门的时间比在家的时间还要多，有时乘火车，有时坐轮船。但无论到什么地方，他总是随身携带着一本书籍，以供随时阅读。一般人浪费的零碎时间，他都用来自修、阅读。结果，他对于历史、文学、科学各方面都有一定的独到见解，成为一个学识渊博的人，从而促成了自己一生的成功。

但是，大多数人都在浪费自己宝贵的零碎时间，甚至在那些时间里去做对身心有害的事情。

自强不息、永远学习新东西、随时求进步的精神，是一个人卓越的标志，更是一个人成功的征兆。

做人哲学

人应该把已取得的成绩作为继续奋斗的新起点，以饱满的热情和充沛的精力，重新回到以零为基础的起跑线上，开始新一轮的拼搏！

身价飙升时，头脑要更清醒

勇于进取的精神固然值得我们学习，急流勇退的达观人生态度一样必不可少。很多"功臣"认为理所应当得到很多利益而不必再做什么，然后成为退化的一群，因而被"杀"！因此要保护自己，必须随时显露自己的价值，让老板觉得少不了你。否则一旦成为废物，就会被当成垃圾丢掉，谁在乎你曾是功臣呢？

得势之后莫耍派

有些人在得势之后瞧不起比他地位低的人，在社交中常常会流露出一种优越感，对于他们认为不如自己的人，更是表现出不屑一顾的模样。这种态度不仅仅刺激了别人，更容易得罪别人。

有一个原本是小职员的人，因承包了一个小企业发了一些财，事业做大了，自己当上了总经理。经常有人围着他转，他说话的口气也大了，看不起以前的一些朋友了。

有一次，他到朋友家里做客也不放下架子，往沙发上一靠，把脚放在茶几上，一副小人得志的样子。朋友递给他香烟，他看了一眼说："这破烟能抽？抽我的洋烟！"朋友的老婆亲自下厨精心做了饭菜，他吃了一口说："真难吃！走，咱们去外边吃吧。我请客。"朋友对他的傲慢无礼容忍不下去了，说："你少跟我耍派，你要是瞧不起我，就请你赶快离开。"就这样，多年的好朋友有了矛盾。

朋友尚且这样，若你得势后对同事也这样，那就容易形成"办公室里人人喊打"的局面，成为大家厌恶的对象。这不会给你带来任何好结果。所以，得势之后更要保持三分谦逊。

> **做人哲学**
>
> 千万别被成功冲晕了头，也许因为一个小小的疏忽，成功会离你远去。

别人高高在上，
你深入群众

·低调做人的艺术·

说话多带客气字眼儿，
而不是发号施令

人，无论身处何境，都会不同程度地接受别人善意的表扬和尊敬。每个人都要学会表扬别人，既赢得了朋友，又做好了工作，同时还能拓宽知识面。学会尊敬别人，让自己的心情好起来的同时，别人也尊敬了你。

采用提建议的方式

一位成功的工厂管理者有着很强的凝聚力，他能使员工兢兢业业地工作。有人请教奥秘，他说："只要记住，对任何人说话时，总是以提建议的方式来表达就行了。因为命令无效，请教事成。"

为什么呢？因为人有一种逆反心理，越是强硬的命令，越是不愿意服从。然而，同样是上司的命令，如果用"拜托"这类词来扭转彼此的身份，人的反抗心理便会变得微乎其微。

在美国田纳西州的州长选举中，兄弟二人双双出马竞选。哥哥以吻婴儿的微笑战术来扩大支持者的层面；相对的，弟弟却对于这些漂亮的姿势一概不采用，当他站在讲台上时，边摸着口袋边对听众说："你们谁愿意给我一支香烟？"结果是弟弟大胜。选民们认为他不是一味在表现自己，而是很尊重人，客气地问人们愿不愿意"给"他一支烟。

高明的管理者总是很留心为他人提供一些选择的余地，而不是斩钉截铁地下命令。这种态度，不但给予对方最起码的尊重，还会让他乐于跟你合作，而不是满腹怨言、阳奉阴违。

不吝啬你的赞美

清洁工本来是一个最被人忽视的角色，但是，韩国某大型公司的一名清洁工却成了公司的英雄。

一天晚上，因为有点儿工作没有完成，他走得晚了些。突然，他发现小偷已经撬开了公司的保险箱，取出了巨额现款，正准备逃走。随即，他和小偷展开了殊死搏斗，最终为公司抢回了现款。事后，有人问他这样做的动机，答案出人意料。他说："当公司的总经理从我身旁经过时，他总会不时地赞美我：'你扫的地真干净！'"就这么一句简单的话，让这个员工受到了感动，并愿意"以身相许"。

世界上有两件东西比金钱更为人们所需——认可与赞美。金钱在调动人的积极性方面不是万能的，而赞美却恰恰弥补了它的不足。赞美的力量到底有多大？赞美是调动一个人工作积极性的最好方法，能让一个人甘心为你服务。如果你希望一个人誓死忠实于你并全力支持你，精诚合作并心甘情愿地服从你、信任并尊重你，那你所要做的就只有一样：

表扬他。不是一次，而是要经常地表扬他，不怕次数多。

在提升一个人的工作能力上，表扬比批评更有效。

杜峰去某驾校学开车。他是班上唯一没有碰过车的，再加上他的悟性差，所以在教练眼里他是无药可救了。而教练脾气也异常火暴，动辄大声训斥，简直不把杜峰当成年人来看。

教练整日绷紧了脸，杜峰甚至怀疑他心理变态。开始的几天，沉闷的训斥声把杜峰的胃都气疼了：一来气自己不争气，二来气教练不给面子。杜峰感觉非常郁闷。

这样过了一周，教练无意中摔坏了腿，只能换教练了。杜峰和其他人都感觉非常高兴，不为别的，只为不再享受他的训斥了。新来的教练不到40岁，很健谈，而且有一套独特的教学方法，喜欢用扎实的理论和诙谐的言语来教导学员们，并一再强调：彼此间相互尊敬，共同把学业圆满完成。教学时，即使学员们把同一个错误犯了三遍，教练还是耐心地指点。杜峰只要有进步，马上就得到教练的表扬。渐渐的，杜峰的信心回来了。

两个教练，两个天地。前者以粗暴的方式教学，但最后收到的效果很差；后者提倡彼此尊敬，以朋友的身份来教学指导，效果非常好。最后，杜峰他们班的所有人都取得了驾驶证。

公开表扬业绩优秀者，这对提高效率和质量很关键，不仅可以提高士气，还可以勉励一个人取得更佳业绩。

把责任归于自己

一位主管和一位职员，两个人构成了这家香港公司的办事处。办事处刚成立时需要申报税项，但由于当时类似的办事处都没有申报，再加上这家办事处没有营业收入，所以这家办事处也就没申报税项。

两年后，税务局在税务检查中发现这家办事处没有纳过税，于是罚了他们几万块钱。香港老板知道这件事后，单独问这位主管："你当时为什么没有申报税项？"

主管说："当时我本来是想申报税务的，但那个职员说很多公司都不申报，我们也不用申报。而且，考虑到不申报可以给公司省点钱，我也就没再考虑。这些事情都是由职员一手操办的。"

老板又找到这位职员，问了同样的问题。这位职员说："不申报可以为公司省钱，我们又没有营业收入，而且其他公司也没申报。我把这种情况同主管说了，最终申不申报还应由主管决定，主管没跟我说，我也就没报。"老板很快就把这位主管炒了。

正是一句"这些事情都是由职员一手操办的"，才让这位主管被炒了鱿鱼。这位主管犯了一个常识性的错误：本应是他承担的责任却推卸给了一名普通员工。这样的人作为下属，老板不会喜欢他，因为他承担不起责任；作为中层管理者，下属也不会喜欢他，因为他善于邀功于己，推卸责任于他人。

管理者带着大家做事，总有事情做砸了的时候。这时，如果管理者能把责任揽到自己身上，说句"别害怕，是我考虑不周"，做错事的员工会多么感激。

作为一个好的管理者，要尽可能减少员工在执行工作时的风险，让成功的荣誉归他们，失败的责任归自己。这样你就能赢得人心，工作起来也很顺畅。

做人哲学

优秀的领导者能影响、鼓舞周围的人协助他朝着他的理想、目标和成就迈进，他能给予别人成功的力量。

主动示弱，使人产生亲近感

领导是强者，这是毋庸置疑的，然而强者行使权力，要取得效果，却不一定靠强悍。有许多时候，领导者的目的在于结果，而不在于过程。许多领导习惯于采取高压政策、大棒政策，结果反而激起对方强烈反感、敌对和排斥。因此，领导者必须注意避免这种错误倾向，必要时敢于放下架子，以温和、柔顺的态度与下属推心置腹交流，反而能达到预期的目的。

示弱更容易被接受

骄傲使人心自高自大，希望自己受到高举、超过他人，如果达不到，他就会抱怨不已，或大发雷霆。与此相反，谦虚使人心态平和，行事不以自己为中心，这样更容易赢得别人的尊重。

书法大师带徒弟去参观书法展。站在一幅草书前，大师摇头晃脑地一个字一个字往下读，有个字写得太草，大师一时认不出来，百思不得其解时，徒弟笑着说："那不是'头发'的'头'吗？"大师一听，脸色立刻变了，气愤地说："轮得到你说话吗？"这个徒弟显然有些才气，可大师却这样说，徒弟心里于是愤愤不平，过了不久就离开大师另起炉灶了。

一位博士生导师却恰恰相反。博士生前来答辩的时候，指导教授对他很客气地说："说实话，这方面你研究了这么多年，你才是真正的专家，我们不但是在考你、指导你，也是在向你请教。"听完教授的称赞，博士则再三鞠躬说："是老师指导我方向，给我机会。没有老师的教导，我又能有什么样的表现呢？"

不怕暴露你的"蠢"事

领导者不是完人，也不要处处费心树立"完人"的形象。犯了错误主动抖出来，让人知道你也是个平凡的人，反而更能拉近距离，获得原谅。

李炎是一家私营广告公司的副总，性格大大咧咧，爱开玩笑，是办公室中的"活宝"。很多同事都喜欢跟他交往。

有一次，有个客户要求先看看李炎他们公司为客户设计的广告，如果设计的广告符合要求，才会付剩下50%的费用。这个项目是由李炎负责的，企划部的同事提前一天就把资料交到李炎手里。由于当时李炎在忙别的事情，所以就随手把资料放在一边了，晚上他将资料带回家看了，觉得应该合乎客户的要求。

第二天上午，李炎和企划部、市场部的几个同事跟客户在约定的地点见面，打算将广告方案给客户看。谁知道打开文件夹他傻眼了，资料夹里夹的是儿子的家庭作业！但是他反应极快，很快镇定下来，笑着对客户说："不好意思！如果您不介意观看我儿子错误百出的家庭作业，欢迎您观看。如果您想看公司的广告设计，还得稍等一会儿。"接着就把事情的原委告诉了客户。

客户被李炎诚恳的态度打动了，答应给李炎一个小时时间将方案拿过来。后来同事们讲起李炎的这段笑料，李炎总是说："我儿子的家庭作业做得比你们的设计方案强多了，只是不能给公司赚钱。"

李炎做的这件"蠢"事，非但没有给公司造成损失，还给同事们留下幽默、平易近人的印象。这种达观的领导艺术，是每个领导者必须要掌握的。

用自己的"无能"，激发下属的才能

什么样的管理者才是善于用人的管理者？从下面的故事中你也许可以得到启发：

孙先生是一家外贸公司的老总，由于公司成立才一年，规模并不大，只有20多个人。

有一次，孙先生打听到有一批进口货物在国内很畅销，如果能拿下的话，利润在三倍以上。他就让市场部的王经理去处理这件事情。几天后，王经理向他抱怨："咱们有钱也买不着货了，人家根本就不卖，说是行情还会上涨，等涨到2000块一吨的时候再出手。"

随后，孙先生给市场部的所有人开会，讨论怎么才能买到这批货。有的人说提高价钱，有的人说找其他卖家。孙先生听了这些建议，觉得都不可行，坐在那里当着下属的面就开始唉声叹气起来。

看到老总一筹莫展，一直沉默不语的王经理此时开口了："我觉得如果要想搞到这批货，必须找到对方的弱点。我通过多方面打听，发现对方想要的一批货我们却有。所以我们可以从这个方面下手。"

果然，对方公司急需孙先生公司有的一批货，最后双方以货货交换的方式达成了协议，王经理以自己的能力给公司赚了一大笔钱。

孙先生是真的没有办法，只剩下唉声叹气的份儿了吗？不。这其实是领导者精于示弱的表现。三国期间，刘备作为七尺男儿，遇到事动不动就当着部下的面流眼泪。可是他这一流泪，部下的主意就出来了，有人甚至不惜冒着危险去将其实施。我们能说刘备是无能的人吗？不。没有能耐的人怎可能在那个群雄四起的年代与曹操、孙权三分天下呢？这完全是刘备主动示弱、激发部下出力的策略。现代的管理者也要学习这门艺术，精于运用这门艺术。

做人哲学

领导者要敢于示弱，领导者也要精于示弱。示弱是一种以柔克刚的技巧，是成功的领导者必备的法宝。

放下身段，更能赢得尊敬

因为别人地位低就说话漫不经心，会给人留下极不尊重人的印象。所以，你在与人交往时，必须庄重、有礼、和蔼，避免高高在上的态度，要多多赞美他人的出色表现，讲话不要太多，不要显得太亲密，不要以自己的优越地位阻止他人。

学会建立良好的群众基础

新厂长有特殊管理专长，在专业技术方面却并不强；前任厂长在专业技术方面十分精通，和员工有多年深厚的感情，因此员工们对这个新厂长很是排斥。从上到下，大家好像都不喜欢这位新厂长。新厂长看到这种情形，有了新的打算。

于是，他经常带一些小礼物，在晚间到两位主管的家里，和他们及他们的家人谈天说地，后来几乎是无话不谈。他也因此了解了主管们的一些不为人知的小细节。随着时间的推移，他和两位主管取得了越来越多的共识，两位主管常常在晚上到新厂长家里喝茶，报告一些厂里员工的特殊个性或是近况，并将自己遇到的一些事也汇报一番。这样，新厂长就对厂里的员工们有了比较详细的了解。

上班的时候，新厂长会四下走动。当他看到管仓库的小星时，就说："嗨！我看到过你的男朋友在工厂门口等你，他又帅又高！今天他来了吗？"当他看到技术员小王时，会说："嘿！听说你儿子功课特棒，他的脑袋瓜子一定跟你的一样聪明。"新厂长经常和大伙儿一起在餐厅用餐，一边吃一边当着两位主管的面将他们的一些小细节讲出来，而和新厂长早有默契的两位主管，在一旁只是傻笑。

最后，厂里真的成了上下一家，而新厂长的管理改革方案也获得了员工的普遍支持。

东方的企业经营大师松下幸之助曾说："组织以和为贵。"他所谓的和，就是上司与下属彼此有着好感。以好感为基础，领导和下属才能顺畅地工作。如果上司与下属之间存在着对立关系，工作是无法顺利进行的。那么，怎样赢得松下口中的这种"和"呢？这就要求管理者主动出马，拉近与员工之间的距离。

掌握留人的技巧

许多公司的人员流动性很大，几乎每个月都要走一批人，来一批人。要知道能留住人的不是户口、工资关系这类有形的绳子，而是无形的情感。同样，在日常生活中，如果你与你的朋友们彼此信任尊重，他们也不会远离你的。

留住人才的秘诀是什么？13世纪波斯有一个"青年和羊"的寓言：

有一个年轻人用绳子牵着一只羊走。路人说："这只羊之所以跟你，是你用绳子拴着它，并不是它喜欢你，也不是真心跟你。"年轻人放开绳子，自己随意走，羊仍然寸步不离。路人好奇，年轻人说："我供给它饲料和水草，还精心照料它。"年轻人的结论是：拴住羊的不是那根细绳，而是对羊的关照和怜爱。

留人要留心，就是羊不离开年轻人的秘诀。羊尚且知道不离开主人，何况有感情的人呢？

在一个集体中，人才对集体的向心力与忠诚度是十分重要的因素。因此，作为领导者，要时刻关注企业内的人才是否"心向内弯"。领导还应该设法去培养自身的魅力，平易近人，改进沟通技巧，了解与人才谈话时聆听的重要性，对人才的人格及职业尊严予以尊重。这样，下属才会认为你是一个真诚可亲的人，才愿意永远当你的手下。

把握好与下属距离的"度"

作为企业界的典型女性，玛丽·凯·阿什建立了一个旨在让其他妇女拥有权利的销售组织。虽然她本人的财富达到亿万美元，但她平易近人的性格却不曾改变。

1996年中风之前，玛丽·凯·阿什每年都会邀请她的雇员到她家喝茶，而且几乎所有为她工作的人都认为自己了解她。一说起她的名字，所有的员工心里都会涌起一股力量。

玛丽·凯·阿什的做法很值得模仿，但是一不小心就会模仿走样。心理学家研究表明，领导者要想搞好工作，应该与下属保持较为亲密的关系，这样容易赢得下属的尊重，下属在工作时也愿意从领导的角度出发，替领导考虑，并尽可能地把事情做好；但同时又要保持适当的距离，尤其是心理距离，这样可以保持领导的神秘感，而且减少下属或下属与下属之间的胡乱猜疑，避免不必要的争斗。

在平易近人的同时给自己保留三分威严和神秘感，这是卓越的管理者应该努力达到的境界。

做人哲学

作为领导者，不仅必须具有比较强的谋划能力、组织协调能力、认人用人的能力，更要有超群的人格魅力与平易近人的作风。

别拿自己不当普通人

高尔基曾说过："生活中人与人的关系是这么复杂，每个人都按自己的习惯行事，把自己的习惯当成法律。"尤其是领导者，更容易产生高傲自大的情绪。千万别拿自己不当普通人，要知道身份是随时可以变的。

洞明世事的人会时刻低头

美国开国元勋之一的富兰克林在年轻时，前去拜访一位老前辈。因为富兰克林是第一次去这位老前辈的家里，当他正准备昂首挺胸走进这座低矮的小茅屋时，只听"嘭"的一声，他的额头便撞在门框上，青肿了一大块。

老前辈笑着出来迎接他说："很痛吧？你知道吗？这是你今天来拜访我最大的收获。一个人要想洞明世事，练达人情，就必须时刻记住低头。"从此，富兰克林牢记了这位老前辈的教诲，以后在处事中总是能够以低姿态起步，并把它列入人生的生活准则之中，使他获得了成功。

不管你是名人还是普通人，注重细节、低调一点儿，人们就会欢迎你、喜欢你。

放低自己才能赢得人心

对于有一定身份和地位的人来说，放下身段和大家一样平和相处，非但不失身份，反而更能引起大家的尊重。比如说公司老板经常骑着自行车上下班，经常与员工一起在员工食堂就餐，就能使员工更愿意听老板的指挥。

瑞典前首相帕尔梅是一位十分受人尊敬的领导人。他当时虽贵为政府首相，但仍住在平民公寓里。他生活十分简朴，平易近人，与平民百姓毫无二致。帕尔梅的信条是："我是人民的一员。"除了正式出访或特别重要的国务活动外，帕尔梅去国内外参加会议、访问、视察和私人活动，一向很少带随行人员和保卫人员。只是在参加重要国务活动时才乘坐防弹汽车，并有两名警察保护。有一次他去美国参加一个国际会议，人们发现他竟独自一人乘出租车去机场。

1984年3月，他去维也纳参加奥地利社会党代表大会，也是独自前往的。当他走入会场的时候，还没有人注意到他，直到他在插有瑞典国旗的座位上坐下来，人们才发现他。对他的举动，与会者都称赞不已。同普通群众打成一片是帕尔梅为人的重要特点。帕尔梅每天从家到首相府，都坚持步行。这一刻钟左右的时间里，他不时同路上的行人打招呼，有时甚至与同路人闲聊几句。帕尔梅同他周围的人关系处得都很好。在工作之余，他还经常帮助别人，毫无高贵者的派头。帕尔梅一家经常到法罗岛去度假，和那里的居民建立了密切的联系，那里的人都将他看作朋友。他常常在闲暇时间独自骑车闲逛，锄草打水，劈柴生火，帮助房东干些杂活儿，以此来联系和接触群众，使彼此之间亲如家人。

帕尔梅喜欢独自微服私访，去学校、商店、厂矿等地，找学生、店员、工人谈话，了解情况，听取意见。他从没有首相的架子，谈吐文雅、态度诚恳，也从不搞前呼后拥的威严场面。这些都使他深得瑞典人民的爱戴。

帕尔梅平易近人，他同许多普通人通过信件建立了友谊。他在位时平均每年收到1.5万多封来信，其中三分之一来自国外。为此他专门雇用了四名工作人员及时拆阅、处理和答复，做到来者皆阅，来者均复。对于助手起草的回信，他要亲自过目，然后才能签发。这一切都使他的形象在人民心目中日益高大。帕尔梅首相府的大门也永远向广大人民开放，永远是人民的服务处。在瑞典人民的心目中，帕尔梅是首相，又是平民；是领导人，又是兄弟、朋友，是人们心目中的偶像。

放下身段，绝不会使高贵者变得卑微；相反，倒更能增强人们的崇敬之情。这样的人把自己的生命之根深深扎在大众这块沃土之中，哪能不根深叶茂，令人敬重？

伟人的最显著特点就是平凡

老子在《道德经》中说"上善若水"，意思是伟大人物往往存在于平凡之中，乐于处在低下的位置，给人以很谦虚的感觉，所以才能"海纳百川"。

由于工作关系，周恩来总理生前到北京饭店的次数特别多。每次去，他总喜欢在饭店内走动，同店里的服务人员见见面，打打招呼，了解他们的工作和生活情况。饭店里所有的职工都对周总理有一种特殊的感情。和周总理共事的人，除了把他看成领袖，还会从内心把他当成良师益友。中南海摄影师徐肖冰说，周总理与人交往时，并不是把自己当作官，他发自内心地把自己看作普通人中间的一员。和周总理谈话，无须"仰着脸"。他不是高高在上，他就在你我中间。

正因为这样，周总理赢得了所有人民的心。下级人员把他当作自己的亲人，不仅同他谈话，渴望听到他的声音，还喜欢把自己的愿望和要求告诉他，把心掏给他。所以，周总理能够从人民群众那里听到最真切的话语，获得最多的情感支持。

一个真正伟大的人物永远不会昂着脸、目中无人，而是让人感觉到他的亲和与博大。

做人哲学

你若想过上快乐的生活，拥有成功的人生，就必须收起那张不讨人喜欢的高傲面孔，用你的笑脸去面对周围所有的人。

书目

001. 唐诗
002. 宋词
003. 元曲
004. 三字经
005. 百家姓
006. 千字文
007. 弟子规
008. 增广贤文
009. 千家诗
010. 菜根谭
011. 孙子兵法
012. 三十六计
013. 老子
014. 庄子
015. 孟子
016. 论语
017. 五经
018. 四书
019. 诗经
020. 诸子百家哲理寓言
021. 山海经
022. 战国策
023. 三国志
024. 史记
025. 资治通鉴
026. 快读二十四史
027. 文心雕龙
028. 说文解字
029. 古文观止
030. 梦溪笔谈
031. 天工开物
032. 四库全书
033. 孝经
034. 素书
035. 冰鉴
036. 人类未解之谜（世界卷）
037. 人类未解之谜（中国卷）
038. 人类神秘现象（世界卷）
039. 人类神秘现象（中国卷）
040. 世界上下五千年
041. 中华上下五千年·夏商周
042. 中华上下五千年·春秋战国
043. 中华上下五千年·秦汉
044. 中华上下五千年·三国两晋
045. 中华上下五千年·隋唐
046. 中华上下五千年·宋元
047. 中华上下五千年·明清
048. 楚辞经典
049. 汉赋经典
050. 唐宋八大家散文
051. 世说新语
052. 徐霞客游记
053. 牡丹亭
054. 西厢记
055. 聊斋
056. 最美的散文（世界卷）
057. 最美的散文（中国卷）
058. 朱自清散文
059. 最美的词
060. 最美的诗
061. 柳永·李清照词
062. 苏东坡·辛弃疾词
063. 人间词话
064. 李白·杜甫诗
065. 红楼梦诗词
066. 徐志摩的诗

067. 朝花夕拾
068. 呐喊
069. 彷徨
070. 野草集
071. 园丁集
072. 飞鸟集
073. 新月集
074. 罗马神话
075. 希腊神话
076. 失落的文明
077. 罗马文明
078. 希腊文明
079. 古埃及文明
080. 玛雅文明
081. 印度文明
082. 拜占庭文明
083. 巴比伦文明
084. 瓦尔登湖
085. 蒙田美文
086. 培根论说文集
087. 沉思录
088. 宽容
089. 人类的故事
090. 姓氏
091. 汉字
092. 茶道
093. 成语故事
094. 中华句典
095. 奇趣楹联
096. 中华书法
097. 中国建筑
098. 中国绘画
099. 中国文明考古

100. 中国国家地理
101. 中国文化与自然遗产
102. 世界文化与自然遗产
103. 西洋建筑
104. 西洋绘画
105. 世界文化常识
106. 中国文化常识
107. 中国历史年表
108. 老子的智慧
109. 三十六计的智慧
110. 孙子兵法的智慧
111. 优雅——格调
112. 致加西亚的信
113. 假如给我三天光明
114. 智慧书
115. 少年中国说
116. 长生殿
117. 格言联璧
118. 笠翁对韵
119. 列子
120. 墨子
121. 荀子
122. 包公案
123. 韩非子
124. 鬼谷子
125. 淮南子
126. 孔子家语
127. 老残游记
128. 彭公案
129. 笑林广记
130. 朱子家训
131. 诸葛亮兵法
132. 幼学琼林

133. 太平广记
134. 声律启蒙
135. 小窗幽记
136. 孽海花
137. 警世通言
138. 醒世恒言
139. 喻世明言
140. 初刻拍案惊奇
141. 二刻拍案惊奇
142. 容斋随笔
143. 桃花扇
144. 忠经
145. 围炉夜话
146. 贞观政要
147. 龙文鞭影
148. 颜氏家训
149. 六韬
150. 三略
151. 励志枕边书
152. 心态决定命运
153. 一分钟口才训练
154. 低调做人的艺术
155. 锻造你的核心竞争力：保证完成任务
156. 礼仪资本
157. 每天进步一点点
158. 让你与众不同的8种职场素质
159. 思路决定出路
160. 优雅——妆容
161. 细节决定成败
162. 跟卡耐基学当众讲话
163. 跟卡耐基学人际交往
164. 跟卡耐基学商务礼仪

165. 情商决定命运
166. 受益一生的职场寓言
167. 我能：最大化自己的8种方法
168. 性格决定命运
169. 一分钟习惯培养
170. 影响一生的财商
171. 在逆境中成功的14种思路
172. 责任胜于能力
173. 最伟大的励志经典
174. 卡耐基人性的优点
175. 卡耐基人性的弱点
176. 财富的密码
177. 青年女性要懂的人生道理
178. 倍受欢迎的说话方式
179. 开发大脑的经典思维游戏
180. 千万别和孩子这样说——好父母绝不对孩子说的40句话
181. 和孩子这样说话很有效——好父母常对孩子说的36句话
182. 心灵甘泉